现代绿色包装材料研究

肖湘 著

中国纺织出版社有限公司

内 容 提 要

本书将绿色包装材料作为研究对象，介绍了绿色包装材料的内涵、类型、发展、环境性能评价和开发等内容，对现代绿色包装材料的原理与应用进行了阐述，对植物纤维绿色包装材料与木质纤维缓冲包装材料进行了分析，在此基础上，对绿色包装印刷材料和绿色包装印刷工艺技术进行了深入研究。

全书内容翔实丰富、针对性强，具有一定的学习和研究价值，适合高等院校相关专业师生学习，也可供相关研究者和从业人员参考使用。

图书在版编目(CIP)数据

现代绿色包装材料研究／肖湘著. -- 北京：中国纺织出版社有限公司，2021.8（2024.5重印）
ISBN 978-7-5180-6544-8

Ⅰ.①现… Ⅱ.①肖… Ⅲ.①绿色包装-包装材料-研究 Ⅳ.①TB484.6

中国版本图书馆 CIP 数据核字(2019)第 172478 号

责任编辑：李春奕　　责任校对：王花妮　　责任印制：王艳丽

中国纺织出版社有限公司出版发行
地址：北京市朝阳区百子湾东里 A407 号楼　邮政编码：100124
销售电话：010—67004422　传真：010—87155801
http://www.c-textilep.com
中国纺织出版社天猫旗舰店
官方微博 http://weibo.com/2119887771
北京兰星球彩色印刷有限公司印刷　各地新华书店经销
2021 年 8 月第 1 版　2024 年 5 月第 2 次印刷
开本：787×1092　1/16　印张：11
字数：210 千字　定价：69.80 元

凡购本书，如有缺页、倒页、脱页，由本社图书营销中心调换

前　言

随着工业的不断发展，环境愈加恶化，包装材料带来的污染尤为突出。绿色包装是包装的可持续发展的必由之路。绿色包装又称"无公害包装"或"环境友好型包装"，国际上普遍认为绿色包装应符合"3R1D"原则。我国学者认为，绿色包装是指能重复利用或循环再生或降解腐化，且在产品整个生命周期中不对人体及环境造成危害的适度包装。也有国内学者提出绿色包装应包括"5R1D"，即绿色包装应符合无毒无害、减量化、再使用、再循环、可降解、生命周期全过程六点要求。

绿色包装的实施，要经过绿色材料、绿色设计、绿色消费、绿色处理等系统化过程，其中绿色包装材料的选择、研发与制造，是整个绿色包装过程中最重要的核心、本源和基础，是实现绿色包装的关键。

目前，我国允许使用的包装材料主要有纸、塑料、金属、玻璃、陶瓷、木材、布、麻、竹以及复合材料等。

本书将绿色包装材料作为研究对象，重点介绍了当前主要的新型绿色包装材料，包括植物纤维绿色包装材料与木质纤维缓冲包装材料，此外还介绍了绿色包装印刷材料及绿色包装印刷工艺技术。

入编本书的包装材料都具有较好的绿色性能，且是近年发展兴起并符合中国国情的新型绿色包装材料。本书对这些材料的性能、生产工艺、生产设备和发展前景进行了较深入的分析，具有较强的实用性。

由于时间仓促，加之笔者水平所限，书中存在疏漏和不当之处在所难免，敬请广大读者批评指正。

著　者
2021 年 3 月

目　录

第一章　绿色包装材料概论 ... 1
第一节　绿色包装材料的内涵 ... 1
第二节　绿色包装材料的类型及发展 ... 4
第三节　绿色包装材料的环境性能评价 ... 18
第四节　绿色包装材料的开发 ... 21

第二章　植物纤维绿色包装材料 ... 25
第一节　植物纤维制品的特点和应用 ... 25
第二节　植物纤维餐具的生产工艺分析 ... 29
第三节　植物纤维发泡缓冲制品的生产工艺分析 ... 35
第四节　植物纤维制品的发展动态及前景 ... 40

第三章　木质纤维缓冲包装材料 ... 45
第一节　木质纤维缓冲包装材料的研发 ... 45
第二节　材料组分单因素实验分析 ... 45
第三节　泡孔参数对木质纤维发泡材料力学性能的影响 ... 74
第四节　木质剩余物纤维多孔材料结构分析 ... 83

第四章　绿色包装印刷材料 ... 99
第一节　包装印刷材料的环境特性及绿色包装印刷材料的发展方向 ... 99
第二节　水性油墨材料 ... 103
第三节　UV 油墨材料 ... 119
第四节　EB 油墨、大豆油油墨材料 ... 134
第五节　水性上光和 UV 上光材料 ... 137

第五章　绿色包装印刷工艺技术 ... 147
第一节　柔性版印刷 ... 147
第二节　无水胶印及无醇印刷 ... 154

参考文献 ... 167

第一章　绿色包装材料概论

绿色包装材料是指环境负担小而再循环利用率高的新型包装材料，它除了具有包装材料的共性外，还具有好的环境性能、资源性能、减量化性能和回收处理性能。本章主要介绍了绿色包装材料的内涵、种类，对环境性能的评价，绿色包装材料的发展及开发。

第一节　绿色包装材料的内涵

随着商品经济的发展，商品的包装废弃物尤其是塑料包装废弃物对环境污染所造成的公害日益严重。美国《包装》杂志进行的民意测验表明，绝大多数人认为，包装给环境带来的污染仅次于水资源污染和大气污染。饱受环境污染的人们渴望安全和健康，渴望郁郁葱葱、生机勃勃的大自然。

环境是以人类社会为主体的外部世界的总体，是影响人类生存和发展的各种天然的和经过人工改造的自然因素的总体。自然因素包括大气、水、海洋、土地、矿藏、森林、草原、野生生物、自然遗迹、人文遗迹、自然保护区、风景名胜区、城市和乡村等。人类对环境的污染是从新石器时代的农业革命开始的，但主要的污染破坏来自由蒸汽机发明和电的利用而兴起的工业革命。从 20 世纪 70 年代起，严酷的事实和理性的思索已使人类认识到保护环境的重要性，人类的经济和社会活动应与环境相协调，使经济可持续发展也成为各国的共识，所以人们越来越青睐环保产品，对那些浪费资源、污染环境的产品进行抵制，要求生产和使用环保产品，从而逐步使环保（绿色）产品风行起来。绿色包装产品也就于 20 世纪 80 年代应运而生。

一、绿色包装的理念和实现

绿色包装又称无公害包装或环境之友包装。它的理念具有保护环境和节约资源两个方面的含义，符合"3RID"原则，即减量化（reduce）、回收再使用（reuse）、回收循环再生（recycle）、可降解腐化（degradable）。1996 年，ISO 14000 将评价产品环境性能的生命周期评价（LCA）列为其六个子系统之一，生命周期评价理论强调：从产品生命周期全过程,即从原材料采集开始,经生产制造、消费使用、回收复用到最终处理来评价产品对环境的影响。用生命周期理论来定义绿色包装的内涵是最科学全面的。

绿色包装是一种理想包装,完全达到它需要一个过程,为了突出当前重在回收利用的重点,可制定分级标准如下。

(1) A 级绿色包装。指废弃物能够回收再使用、循环再生利用或降解腐化,含有毒物质在规定限量范围内的适度包装。

(2) AA 级绿色包装。指废弃物能够回收再使用、循环再生利用或降解腐化,且在产品整个生命周期中对人体及环境不造成公害的适度包装。

当前重点是先达到 A 级绿色包装标准,努力争取达到 AA 级绿色包装标准。

发展绿色包装是一项系统工程。绿色包装可看成由包装材料、包装设计、加工制造、流通使用和废弃后处置等环节组成,以环保功能为目标的系统。为使目标最优化,可按照以研究理念、原理等软件为主,宏观管理的概念系统求目标优化的方法,获得概念系统的最佳模型,即"五绿"模型,如图 1-1。

在"五绿"模型中首先是绿色材料。包装材料是商品包装所有功能的载体,是构成商品包装使用价值的最基本要素,是形成商品包装的物质基础。因此,发展绿色包装首先要研发绿色包装材料,它是绿色包装最终得以实现的关键。

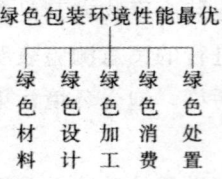

图 1-1　绿色包装"五绿"模型

二、绿色包装材料的内涵

绿色包装材料(green packaging material)同绿色包装理念一样,具有节省资源和不污染环境两个方面的含义。

日本人山本提出:环境负担最小而再循环利用率最高的材料即为绿色材料。

欧美科学家在 20 世纪 90 年代提出:绿色材料又称环境协调材料(environmental conscious material,ECM)或称生态材料(ecomaterial)。它们是指那些具有良好使用性能,并对资源和能源消耗少,对生态环境污染小,有利于人类健康,再生利用率高或可在自然界中自行降解,在制备、使用、废弃直至再生循环利用的整个过程中都与环境协调共存的材料。

欧洲 20 世纪 90 年代对绿色包装材料强调回收,认为如果一种产品使用的包装材料,在消费者废弃后,能通过完善的回收系统予以再利用或循环再生,在再生过程中不会对人体的健康与环境造成任何危险,则该材料均可视为绿色包装材料。

目前，对绿色包装材料比较全面的看法是用生命周期理论解释的，即绿色包装材料是指在制备、生产、使用、废弃以及回收处理再利用的整个生命周期过程中，对环境和人体不造成危害，能节约资源和能源，废弃后能迅速自然降解或再利用，不会破坏生态平衡，而且来源广泛，耗能低、易回收且再生循环利用率高的材料或材料制品。

绿色包装材料在性能上首先应具备一般包装材料的共性，即保护性能、加工性能、装饰性能、经济性能，同时它又应具有绿色材料的特性，即好的环境性能、资源性能、减量化性能、回收处理性能。具体如下：

（1）保护性能。即对被包装产品具有好的保护功能，在流通过程中不破损、不变质，能保鲜、防潮、防水，具有良好的阻隔性。

（2）加工性能。具有一定的强度、刚度、韧性，易于机械加工，并具有包装加工中所需的热合性、光滑性能。

（3）装饰性能。具有好的印刷性能，易上色、造型、装饰等，并具有装饰加工所需的抗吸尘性以及光泽度、透明度等性能。

（4）经济性能。即具有合理性价比，有足够的功能，而成本较低或适中。

（5）环境性能。在生命周期全过程中对环境污染小，即原材料制备提取、加工生产、运输流通符合清洁生产要求，使用废弃后便于循环再用或能在自然界中自行消解。

（6）资源性能。材料来源丰富，价格经济，在制品生产过程中消耗资源、能源少。

（7）减量化性能。指用材料制作的包装在履行保护、方便、促销功能的同时，能够轻量化或使制品薄壁化，既节省资源又经济，还可减少废弃物。

（8）回收处理性能。易回收、易处理、易再用、易再生或易降解是绿色包装材料最重要的特性，因为具有这种特性，绿色包装材料才能循环利用，节省资源，同时又保护了环境。

从生物循环的角度看，大自然创造了天然聚合物，大自然有能力风化、侵蚀、分解它们，从而实现能量守恒；但对于人类合成的聚合物，大自然还未合成出分解它们的酶，因而导致废弃物不断地充斥世界。目前，用于包装的四大支柱材料中，纸是由天然植物纤维制造而成，所以易于自然风化、分解；金属、玻璃可以回收再造；只有人工合成的普通塑料很难自然风化，又很难回收处理，是造成"白色污染"的来源。所以，现在研究新型的绿色包装材料（可降解材料）大多是针对"白色污染"提出的。

要满足上述性能，最根本的在于材料的属性，其次在于材料加工的技术和设备，随着科技的发展，将会开发出越来越多满足绿色包装多方面功能需求的绿色包装材料。

第二节 绿色包装材料的类型及发展

世界各国在为解决包装与环境的矛盾,大力发展绿色包装的进程中,均把主要注意力集中在研发绿色包装材料上,并已取得或正在取得许多重要成果。现将这些成果分类概述如下。

一、可回收再用或再生的包装材料

包装材料的回收再用、再生利用、能源利用是现阶段发展绿色包装材料最切实可行的一步,是保护环境、促进包装材料再循环使用的一种最积极的废弃物处理方法,也是开发绿色包装材料最重要的思维取向。

(一) 常用包装材料的回收处理性能

纸、塑料、玻璃、金属是现代包装材料的四大支柱。为了增强易回收、易处理性能,以及节约宝贵的木材资源,发展替代品,又开发出许多衍生的易回收处理的包装材料,它们的回收处理性能如图1-2所示。

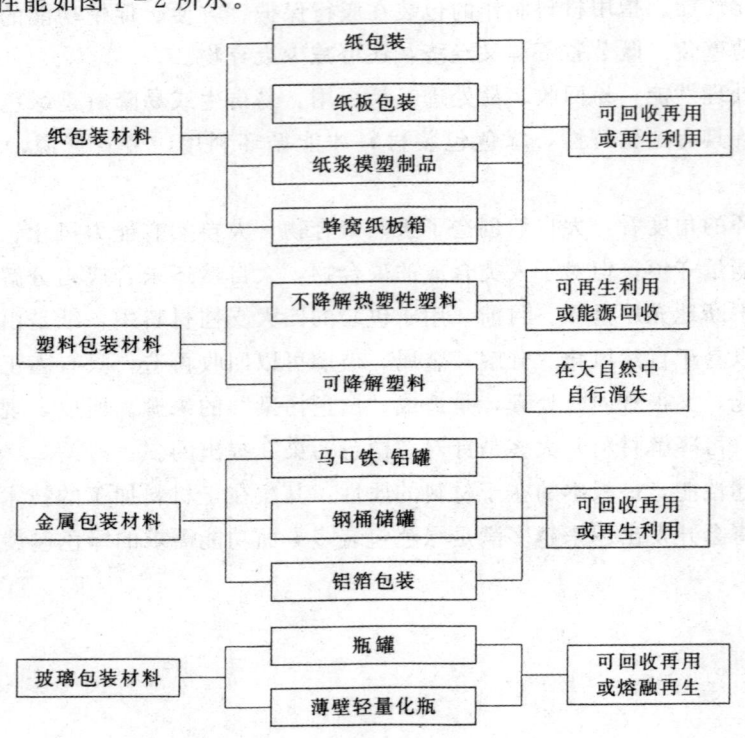

图1-2 四大包装材料的回收处理性能

（二）重复利用材料（制品）

世界上许多国家重视开发制品重复利用技术，并通过押金回收制度，使啤酒、饮料、酱油、醋等玻璃瓶或聚酯瓶多次重复使用。如瑞典等国开发出一种灭菌洗涤技术，使聚酯PET饮料瓶和PE奶瓶的重复再用达20次以上；荷兰Welman公司与美国Johnson公司对PET容器进行100%回收，并且获得美国食品药品监督管理局（简称FDA）批准，可热灌装而不发生降解，且比一般纯净的PET或有夹层的PET更便宜，在欧美均可直接用于饮料食品的包装；德国对碳酸酯瓶罐回收，经水洗和高温灭菌杀毒后，可重复利用100次。

日本对250L的钢桶储罐开发了翻修整理技术，经翻修、洗涤、烘干、喷漆后，可使储罐多次重复使用。

（三）再生利用材料

再生利用是解决固体废弃物的好方法，在不少国家已经成为解决材料来源、缓解环境污染的有效途径。我国资源不是很丰富，因此开发可回收再生的包装材料及相应的再生技术具有重要意义，但再生树脂的成本一般均高于原生树脂，而且质量和用途也不如原生树脂，多用作一些廉价的材料、塑料薄膜、塑料瓶（特别是PET瓶）等，塑料包装废弃物的再生利用现在已经得到许多工业发达国家大公司的重视，并投入了大量的人力和物力进行塑料废弃物的回收再生技术（包括原料型直接回收再生、物理改性回收再生、化学改性回收再生、最终分解回收再生等技术）的研究，而且再生利用的比例正逐年增长，如聚酯瓶在回收之后，可用物理和化学两种方法进行再生。物理方法是指直接彻底净化粉碎后回收塑料，不能有任何污染物残留，再直接用于再生生产包装容器，或者将聚酯粉碎洗涤后作为夹层材料置于两层原生树脂层中制成一种多层PET包装容器；化学方法是指将回收的PET粉碎洗涤之后，用解聚剂甲醇、水、乙二醇或二甘醇等在碱性催化剂作用下使PET全部解聚成单体或部分解聚成低聚物，纯化后再将单体或低聚物重新聚合成再生PET树脂包装材料。对于高发泡聚苯乙烯（EPS）包装材料，日本索尼公司采用了柑橘油溶解法，把回收的EPS在室温下溶解于从柑橘中提取的油中，使其体积缩小至原来的5%以下，然后分离出再生的优质聚苯乙烯，实现了EPS百分之百的回收再生。

从根本上讲，包装材料的重复再用和再生利用只是延长了塑料等高分子材料作为包装材料的使用寿命，提高了资源的再生性和利用率，当它们完成了使用寿命之后，仍存在废弃物的处理和环境污染问题。

玻璃和金属包装容器废弃后，一般均是通过回炉熔融或重熔铸锭后，作为原材料重新加以利用。

纸和纸板废弃后，则通过碎解、疏解、漂白后，获得新纸浆，生产再生纸。据统计，在发达国家，杂志、刊物已经100%使用再生纸，包装纸制品80%使用再生纸浆，书籍用再生纸达到40%。在英、美、日等国，再生纸均已成为一个大产业。

二、轻量化、薄型化、无氟化、高性能化的包装材料

绿色包装材料发展的一个重要方向主要是对现有的包装材料进行开发、深加工，在保证实现包装三大功能的基础上，改革过分包装，发展适度包装，尽量缩减使用包装材料，降低包装成本，节约包装材料资源，减少包装材料废弃物的产生量，努力研制开发轻量化、薄型化、无氟化、高性能化的新型包装材料。在轻量化方面，如对啤酒等饮料的包装可采用一次性更轻、更薄的玻璃瓶包装，避免因回收玻璃瓶重新灌装后爆炸伤人事件的发生；又如以新型的镁质材料部分代替金属包装材料，所制作的小型包装罐质地坚固、外形美观、质量轻，可代替马口铁罐作为涂料、小五金、黄油等的包装容器。

在日本和美国，正采用减薄塑料包装材料的厚度、减少包装材料质量的方法来减少包装废弃物的总量，如日本花王公司与狮子公司、美国 Chris Craft 公司等对粉末洗涤剂不再使用较厚的 PE 膜来包装，而采用极薄的含羟基的改性 PVA 和羟基纤维素（GMC）的水溶性薄膜来包装，并且用小包装来分装进行销售，使用时无须打开即可溶于水中。在美国，还大力发展聚酯/液晶聚合物（LCP）的共混材料，这种由 90% 的 PET 和 10% 的 LCP 组成的高分子合金 PET/LCP，其力学性能比挤出的 PET 高 220%～550%，且阻隔氧气的性能提高了 2 倍，薄膜厚度可降低 50%，且可回收循环使用，用于各种包装容器与包装膜。Mobil Chemical 公司用茂金属催化剂生产的 LLDPE 可以取代 HDPE 制作包装膜和容器，可提高强度，且膜的厚度降低了 30%，节约了包装材料。芬兰沃克公司也开发了一种 OPANLEN 复合薄膜（OPA/PE），厚度减少了 1/3，而隔气性、透明度均不变。

对用量巨大的缓冲包装材料，人们正积极地寻找取代发泡聚苯乙烯（EPS）的无氟轻量化的包装材料，如采用新型的轻质发泡聚酯或发泡 PP 制作包装容器，用于食品、化妆品以及电子产品的包装，对于用来制备缓冲材料的发泡剂，各国纷纷采用新的发泡剂如二氯甲烷等来替代造成环境污染的氟里昂（CFC）。美国 Sealed Air Corporation 研制开发出一种新型高效无氟的 Instapack 发泡剂，用于泡沫塑料缓冲材料的生产，可以用很少的材料提供优越的保护性能，减少了包装废弃物的产生。Instapack 聚氨酯发泡材料还可以作为填充包装材料重复使用或重新成型后用于包装。Instapack 包装废弃物的焚烧比纸、木材更易处理，其余灰量不足 1%，经过高压缩处理之后，体积也仅占原来体积的 10%。意大利 Cannon 集团开发的 CarDio 聚氨酯发泡塑料用二氧化碳替代 CFC，安全可靠，对环境不造成任何污染。

对使用量很大的包装用纸和纸板，为满足产品包装的特殊要求，也通过如下方式向多功能、高性能方向发展。

（1）防腐。掺入方晶石和活性炭制造的纸张，可以制造运输鲜花的瓦楞纸箱，它能吸收导致鲜花腐败的硫化氢。

（2）防菌。在制造天然纸浆时注入无菌气体，这种纸具有防止细菌侵入的功能，可用于医疗器具的包装。

(3) 防氧化。采用弱碱打浆制造的纸张，能保护字画和书籍在酸性环境中不受侵蚀。

(4) 防湿。浸涂过蜡的纸张可以提高防湿性能，可以制造果树育苗用的防雨袋、防露袋。

(5) 防臭。将多孔无机物和有机黄酮醇一起制成的纸板，能吸收氨类等异臭气味。

(6) 耐热。采用经过特殊处理的纸浆制成的纸板，有良好的耐热性和吸收水蒸气性能，可用作微波食品的包装盒。

(7) 耐火。由氢氧化铝和天然纸浆混合制造，或者用磷酸化纸浆和玻璃纤维混合制成，具有良好的耐燃效果。

(8) 耐酸。采用特殊纸浆与添加剂混合制成纸，具有优秀的遮光性、耐酸性。

(9) 耐油。纸板里层经过耐油脂性处理后可防止油的浸透，纸板表面经过一般涂料处理可以印刷图案，主要用于油脂性食品的包装。

(10) 耐水。100%的天然纸浆中渗入乳胶树脂制成的纸，具有优良的耐水、耐折、耐摩擦特性。

(11) 感水。采用特殊涂层处理的纸，在吸收水分后使白色的纸立刻呈透明状，不用拆开包装便可透过包装看清里面的内容。

(12) 保鲜。天然纸浆经过化学处理后与具有吸收性的树脂一起制造的纸适用于保鲜包装。

(13) 消声用非致癌性的石棉纤维、废纸、碎布等制成的低密度纸，具有优越的吸声、吸水、隔热和缓冲效果。

三、可降解塑料包装材料

可降解塑料被认为是最具有发展前景的绿色包装材料之一，是一种废弃后在自然环境中能够快速自行降解消失，不造成环境污染的新型塑料。

按美国材料试验学会（ASTM）在1989年确定的定义，可降解材料是指在特定环境条件下，其化学结构发生显著变化且同时造成某些性能下降的塑料。发展可降解塑料包装材料，逐渐淘汰不可降解的塑料包装材料，是世界科技发展的大趋势，是材料研究与开发的热点之一。由于可降解塑料易加工成型，且价格日渐降低，致使用以制作包装的可降解塑料急剧增长，据美国《市场与技术预测》报道，美国目前已有40多家公司生产可降解塑料，1987年产量仅为2.3万吨，1992年已上升为38万吨，5年间增长了17倍，目前在美国可降解塑料已广泛地用于食品包装、周转箱、杂货袋、工具包装以及部分机电产品的外包装箱。

可降解塑料包装材料既具有传统塑料的功能和特性，又可以在完成使命之后，通过土壤和水中的微生物作用，或者通过阳光中紫外线的作用，在自然环境中分裂降解和还原，最终以无毒形式重新进入生态环境中，回归大自然。可降解塑料一般可分为生物降解塑料、生物分裂塑料、光降解塑料和生物/光双降解塑料。这些可降解塑料的制备方法主要有共聚法和共混法两类。共聚法是把含酯键、酰胺键、醚键基团或含羰基的化合物经聚合反应而结合到大分子链中,或者是对可生物降解材料进行共聚改性,如生物合成的脂肪聚酯或共聚酯、聚氨酯或聚氧乙烯等,在微生物或酶的作用下可发生生物降解。共混法是把可生物降解的高分子如淀粉、纤维素、聚乙烯醇(PVA)等,或可诱发光降解的光敏剂与聚乙烯(PE)、聚丙烯(PP)、聚苯乙烯(PS)或聚氯乙烯(PVC)等进行共混,借助淀粉等生物降解作用和通过光的诱导作用来引发聚合物发生光降解,使制品或薄膜达到最终分解。

目前,已确认的可完全生物降解的聚合物仅有生物合成的脂肪聚酯如发酵法合成的 PHB 和 PHBV、淀粉和纤维素等含醚键和多羟基的聚合物,以及人工合成的聚酰胺、聚氨酯、含醚键的聚合物和 PVA 等。在这些高分子材料中,聚氨酯、聚酰胺、聚酯和 PVA 都是性能良好的包装材料,广泛用作包装薄膜、包装容器或捆扎材料,但这些可完全降解的包装材料品种有限,还远远不能满足众多包装技术和包装保护性能的要求。PHB、PHBV 和聚醚等因熔点和强度较低,用途不大。这些可被微生物完全降解的包装材料因对环境的完全无害性而备受各国关注,这方面的开发还在进一步进行之中。

以淀粉掺合共混型的不完全生物降解塑料(淀粉+PE 型),又称生物分裂塑料,是目前研究发展快、产业化成果多并有望继续降低成本的材料。为了改善淀粉与高聚物的共混相容性,必须对淀粉进行改性处理,改性后的淀粉颗粒表面被烷基等覆盖,减弱了氢键的作用,从而增加了与聚乙烯、聚乙烯醇等高聚物的相容性。

淀粉降解塑料的降解机理是使现有的塑料与生物可降解大分子共存,造成塑料不连续。这样,塑料中的淀粉颗粒被微生物分解后,只留下塑料大分子骨架,塑料大分子可在土壤或空气中通过氧化作用而使大分子链裂解成许许多多的小块塑料或塑料微粒块,因此,此类降解塑料被称为生物分裂性塑料。

我国在 20 世纪 80 年代初开始研制可降解的淀粉塑料,江西省科学院应用化学研究所研制的淀粉塑料首先取得成功,于 1987 年通过鉴定,并建立了国内第一条小型淀粉塑料生产线,产品性能达到同类型塑料国际标准。北京华新淀粉降解树脂制品公司以淀粉为主要原料,代替部分聚乙烯原料,于 1991 年生产出的可降解食品包装袋投放市场。吉林省塑料研究所以低密度聚乙烯为主要原料,填充经特殊处理的玉米淀粉和其他辅助材料制成包装薄膜,这种薄膜外观洁白,不透湿,不透油,使用方便,成本低,适用于肉类、豆制品和其他食品的包装。

淀粉降解塑料的问题在于:降解时仅仅是淀粉部分在短时间内发生生物降解,而塑料部分即聚合物如 PE、PS、PVC 等却不能进行生物降解,其降解结果是共混物虽劣化、性能下降,但仍残留在土壤或环境中,要达到完全降解进入生态环境中,至少要 20 年,因此这是一类不完全的生物分解性材料,只能对塑料垃圾的处理起到缓和作用,而不是根本的治理。

通过加入光敏剂所获得的光降解包装材料多有报道。在 PE、PP 等常用塑料中加入合适的光敏剂就可以获得这种材料。瑞典 Filltec 公司研制的 TPR 绿色包装材料,由碳酸钙经过特殊工艺与加入光解剂的聚丙烯复合而得,其成分与鸡蛋壳极为相似,对环境几乎无害,可以热成型、吹塑成型、注塑成型及挤压成型等,TPR 光洁平滑,不同厚度的膜在光照下经 4~18 个月,即降解成粉末,现已用于黄油、冰激凌等的包装。

光降解包装材料目前还存在以下问题:①光降解速度与光降解聚合物使用性能的矛盾。若光降解速度太快,虽然有利于废弃塑料的处理,美化环境和减少污染,但是对使用性能和寿命显然不利。②光降解产物对生态环境的影响,如果经光降解后的产物能继续发生生物降解,最终成为被微生物吸收的碳能源或无害物,当然最理想,但实际上,乙烯、丙烯与乙烯基酮的共聚物,经光降解后在土壤或地下水道中的生物降解能力非常小,而光降解产物是否对生态环境有害也是值得研究的问题。

目前进入市场的生物与光双降解塑料,主要是通过用淀粉或纤维素等可降解的高聚物对通用型聚合物如 PE 和 PP 等进行共混改性或接枝改性,并且加入可诱导光降解的光敏剂而获得的,这一领域中的研究与应用十分活跃。聚酮可采用双氧水、过氧酸等氧化剂进行化学改性,而氧化成为同时含有聚酯和聚酮结构的高聚物,成为既具有生物降解性能,又具有光降解性能的包装材料。兰州大学化学系研制开发的生物/光双降解塑料,可直接用于生产快餐饭盒、垃圾袋,它采用非淀粉型光敏剂和生物降解剂,其强度和透明度均优于淀粉塑料,光降解性能优良,可在 50~100 天内脆化,其降解产物能被霉等微生物进一步降解,最终成为微生物的碳源,回归大自然。广东深圳惠鹏树脂厂生产的双降解塑料薄膜,主要基材为 PE 和淀粉,其中改性淀粉含量达 70%,吹膜成型用于包装上,这种膜可在生物和光作用下发生降解。

四、变形淀粉和农副产品高分子包装材料

淀粉是一种天然的高分子材料,且可以再生,废弃后在自然环境中完全自然降解,也可以被食用或作为饲料。淀粉本身很脆,不宜单独用作降解材料使用,必须通过物理改性、化学改性改变其分子结构,使其无序化而具有热塑性能。

Novon 是美国 Warner-Lamber 药物公司研制的一种完全以淀粉制成的新型树脂,其组成为 70% 支链淀粉和 30% 直链淀粉,熔点为 175~200℃,可以造粒,能用注射法、挤出法及其他标准方法加工成型。该项研究解决了目前淀粉与合成聚合物共混而成的生物分裂性塑料只有淀粉部分才能降解的问题,可以替代正在农业和医药等方面使用的各种可降解塑料,因而被认为是材料科学上的重大进展。此外,意大利 Novamont 公司生产的 Nater-Bi 材料具有良好的成型加工性、二次加工性、力学性能和优良生物降解性能,已应用于包装行业;澳大利亚国家食品加工与包装科学中心成功推出了一种全淀粉包装材料,它具有良好的流动性、脱模性、延展性,产品柔软、透明、强度高,且降解时间可控,已用于食品包装和农用薄膜等方面;德国 Battcllc 研究所的改良青豌豆高直链淀粉,可直接用常规成型方法加工,其膜透明、柔软、性能与 PVC 膜相似,在生物活性环境中可完全分

解；我国江西省科学院应用化学研究所采用四种不同工艺对淀粉分子结构进行无序化处理，将制成的热塑淀粉加工成膜，可用于一次性包装材料。据《北京晚报》报道，北京轻工业环境保护研究所以木薯淀粉为原料，生产一次性生物降解快餐餐具，已经取得专利；另据报道，以玉米渣（60%）、膳食纤维（30%）和其他粮食（10%）生产的可食用快餐碗（盒），使用后既可食用，又可回收当成高档饮料。这种快餐碗被遗弃后，基本上能达到无垃圾、无污染的目的。

近年来，许多国家为提高农业综合效益，都加大了对农副产品的深加工开发力度，而利用农副产品生产环保型食品塑料包装材料已成为科研领域的研究热点。

目前，应用生物分解树脂取代现有包装塑料的研究正如火如荼地进行。玉米是一种美味又有营养的食物，还被广泛用于制造甜味剂和动物饲料。随着技术的进步，利用玉米还能制造出多种塑料用品，如近期日本和我国台湾地区研究成功的"玉米淀粉树脂"就是一种新型的绿色环保材料。这种树脂以玉米为原料，经加工塑化而成，首先把玉米中的糖分提炼出来，经过发酵蒸馏萃取出制造塑料和纤维的基础材料，再被加工成一种名为聚交酯（PLA）的直径只有4.57mm的细微颗料。用它可以制成多种一次性用品，如水杯、塑料袋、商品包装等。据实验，这种包装材料可以通过燃烧、生化分解和昆虫吃食等方式处理掉，从而避免"白色污染"。国外公司已看好这种新型环保材料，如可口可乐公司在盐湖城冬季奥运会上用了50万个一次性杯子，全部采用玉米塑料制成，这种杯子只需40天就能在露天环境下消失得无影无踪。日本电器制造商索尼公司两年来一直用玉米做成的塑料纸包装MD盘。新包装与过去的包装一样美观，却不会产生"经久耐用"的不良效果。

据我国台湾最近透露的信息，目前台湾用每吨玉米树脂生产的塑料袋数量已和用塑料粒生产的数量相差无几。台湾塑料行业人士统计，全球每年约生产塑料制品1亿吨，其中一次性包装材料3000万吨，解决这些材料造成的污染要花费很大的社会成本，如果玉米树脂能成功取代其中的一部分包装用塑料，估计每年将有价值100亿美元的市场。

玉米塑料虽然非常有利于环保，但它也有显著的缺点——贵。如北美生物公司生产的玉米塑料盘子比传统的塑料盘子价格高约5%，杯子的价格更是高出25%。不过，随着玉米塑料的需求增加，生产规格将随之扩大，成本就会降下来。

美国农业部的科学家近期又宣称，一种新环保型食品包装材料可望问世。这种新材料完全用粉碎的草莓制成，非常符合环保要求，可能取代传统的聚乙烯塑料而成为食品包装新材料。美国农业部的食品专家塔拉·麦克休伊表示，这种新研制成功的食品包装材料从性能上说与传统产品没有什么区别，用它制成的食品包装薄膜同样能够阻止氧气的渗透，从而达到食品保鲜的效果。由于这种新型材料的成分主要取自于不适合食用的蔬菜和水果次品，因此它是一种可以自然分解的、符合环保要求的材料。在测试中，用这种"神奇"材料制成的包装膜不仅可以起到保鲜的作用，而且还能够改善香蕉和苹果等水果的味道。

塔拉·麦克休伊表示，在不久的将来，不仅草莓可以用作包装材料，就连胡萝卜、花椰菜等蔬菜也可以用作包装材料。日本卡吉乐道聚合物公司也从天然植物如玉米或小麦之类的农作物中提取出非精制的天然糖类右旋糖,接着将右旋糖发酵转化成乳酸,然后将乳酸冷缩成名为丙交酯的材料,最后将丙交酯熔化,形成名为聚交酯的长分子链聚合物,这种聚合物不仅可以制造包装材料,而且成本低,在湿热的条件下可以自行分解,不会对环境造成污染。毫无疑问,这类新型包装材料及其他类似材料的成功应用将使食品包装工业发生一场革命。

美国《新科学家》杂志介绍,夏威夷自然能源研究院的生化学家将食品垃圾制成了一种可被生物降解的聚合物,风趣地称之为"完美塑料"。这种可在短时间内被降解的塑料应用广泛,不仅可以用来制造瓶子、袋子等包装物,还可以制成药物的胶囊外衣。该新型可降解塑料的原料是水与各种食品垃圾的混合物,每100kg混合物可生产22～25kg可降解塑料,这不仅大大降低了生产成本,也为大量的食品垃圾找到了好的"归宿"。目前,许多垃圾处理公司都希望利用这一技术替代填埋技术。

我国武汉富拓环保包装材料公司和武汉金丰环保塑料公司也已经掌握了将变质粮食加工成防震、抗压包装材料的技术,还能够将甘蔗渣、麦草和废报纸等废弃物加工成各种各样的防震、抗压包装材料,目前还在减轻质量方面做进一步研究。

五、可食性包装材料

可食性包装材料以其原料丰富齐全、可以食用、对人体无害甚至有利、具有一定强度等特点,在近几年来获得了迅速发展。可食性包装材料现已广泛地用于食品、药品的包装。使用的方式有:将可食性包装材料制成薄膜,作为商品的内包装及外包装;裹包糖果的材料;作为黏性糕点的衬垫;作为包装袋用以密封包装食品;浸涂商品而将商品包于膜壳内;制成一次性的饮料杯或快餐盛具等刚性与半刚性容器;制成肠衣、果衣与胶囊等。

可食性包装材料的原料主要有淀粉、蛋白质、植物纤维和其他天然物质。

在以玉米、小麦、土豆、豆类、薯类等农作物为基材的可食性包装材料中,以玉米淀粉改性加工成可食性包装材料最典型,且加工技术与实际应用都较成熟。根据其所加入的添加剂以及所采用的酸碱处理、酶处理或氧化处理的方法不同,可以制成薄膜,也可以挤出成型,作为小食品的膜衣,还可以制成既防水又防油的饮料杯和快餐盒等。

用蛋白质来制作可食性包装材料,有动物蛋白质与植物蛋白质之分。动物蛋白质取材于动物皮、骨、软骨组织等,此类的可食性材料具有非常好的强度、抗水性和透氧性,特别适用于肉类食品的包装,由大豆等提取的植物蛋白质,可加工成膜进行包装,具有较好的防潮、隔氧能力,并具有一定的抗菌性,适合含脂肪食品的包装,不仅可延长保质期,而且可保持油性食品的原汁原味。

植物纤维类可食性包装材料以农副产品如麦麸、豆渣以及海草、海藻等海生植物为主要原料,这类材料虽然营养价值不高,但多有减肥与保健的作用。如海藻酸钠,它不能被人体所吸收,但却有降血糖、调理肠胃的作用,并且可使胆固醇排出体外和具有减缓中毒的功效。植物纤维可制成各种容器,连同食物在热烹后一起食用;用于包装方便面调料时，遇热即化，遇水即溶，可不必拆包；还可制成果蔬的保鲜包装纸，以海藻酸钠为主要成分的可食性材料，对脂肪与植物油具有不渗透性，是耐油包装的一种好材料。

可食性包装材料是一类极有发展前途的绿色包装材料。对该领域的研究也非常活跃，今后的发展方向是用上述主要原料的几种进行共混改性，以便更好地满足包装使用上的性能要求。如用各种蔬菜和淀粉制得的可食性包装纸，用食用明胶、蜂蜜、羟甲基纤维素等制成的用于包装方便面调料的水溶性可食性包装材料等。

六、天然植物纤维包装材料

由木浆和草浆制作的纸材是人们最熟悉、应用最广泛的植物纤维包装材料，其原料来源广泛，废弃物既可以回收再生纸张，在自然环境中又容易腐化，是应用最多的绿色包装材料。近年又开发出一些新型的绿色纸包装材料，典型的品种是纸浆模塑和蜂窝纸板制品。纸浆模塑制品以废纸和植物纤维作为原料，在模塑机上由特殊的模具塑造出一定形状的制品，是一种立体造纸技术，其制品被用作取代发泡塑料 EPS 的制品，广泛应用于餐具、禽蛋托盘、鲜果托盘、工业托盘、食品及其半成品包装、医疗器具包装等。我国西北农业大学在这一方面进行了大量的研究，研制和开发了果蔬包装内衬、禽蛋托盘、超市托盘、瓦楞芯纸、一次性餐具等系列产品。其生产工艺已经成熟，产品已经大量推向市场。蜂窝纸板由上、下两张面纸和六边形的蜂窝芯纸黏合构成，具有纸质轻、强度高、刚度大、缓冲、隔热、隔声性能好的优点，是节木、代木和取代 EPS 作为缓冲衬的理想环保材料。

天然植物纤维一般是指除树木外的天然生植物如蔗渣、棉秆、谷壳、玉米秸秆、稻草、麦秆等和废纸的纤维，天然生植物是一种来源十分丰富的可再生自然资源。据调查，我国每年的农作物秸秆在 5 亿吨以上。植物秸秆作为包装材料有许多优点，如良好的缓冲性能，无毒、无臭，通气性能好，使用后能完全自然降解。近年，利用芦苇、稻草、麦秸、甘蔗渣、竹等天然植物纤维开发出了一系列绿色包装制品。以竹为原料，生产出竹胶板包装箱、丝捆竹板箱，用于机电产品和重型机械的包装；将竹、稻草等植物纤维经高温杀菌后压制成纤维板，再经粉碎，加入填充料、胶黏剂等搅拌后挤压成型，可制作一次性快餐具，如经发泡膨化处理还可制作缓冲衬垫。西安建筑大学应用麦秸秆、稻草等天然植物纤维素材料作为主要材料，配合安全无毒物质，开发出可完全降解的缓冲包装材料，该产品体积小、质量轻、压缩强度高，有一定柔韧性，在自然界中 1 个月可全降解为有机肥，其主要生产过程是第一步采用"生物菌化"技术，对秸秆进行生物处理（一系列化学的、物理的、生物的变化），处理后的秸秆有些物质析出，如纤维素、蛋白质、脂肪、无氮浸出物，而有些物质仍保留原状，如半纤维、木质素和不溶解的盐类，这种处理后的原料被称为"生物料"，为原料进一步的加工调整结构状态；第二步是采用"蛋白变性"技术，即天然蛋白质分子在外界因素作用下，其空间结构解体，从有序的构型变成无序紊乱而又松散的伸展肽链，从而导致蛋白质分子理化性质的改变。经过以上两步技术处理以后，原料的性质发生了根本性的变化，完成了原料的处理，进一步对原材料进行机械加工定型和发泡处理，即可制成所期望的缓冲纤维包装材料。

七、甲壳素生物包装材料

甲壳素又称甲壳质，是虾、蟹等甲壳类动物或昆虫外壳和菌类细胞壁的主要成分，在自然界储量十分丰富，产量仅次于纤维素。甲壳素不溶于水和普通有机溶剂。作为生物降解材料时，主要是将甲壳素在碱性条件下脱乙酰化生成壳聚糖。壳聚糖易溶于甲酸、乙酸等有机酸中，易于改性和加工。壳聚糖可以和其他高分子材料共混制成生物降解材料。例如，壳聚糖的乙酸水溶液、聚乙烯醇水溶液、甘油按一定比例混合，流延到平板模具上，经干燥除去溶剂得到生物降解膜，其成膜性、耐油性、离水防潮性好，已广泛用于水果、面包、冰激凌等食品包装上。

八、转基因植物包装材料

前面已提及，虽然目前利用微生物发酵合成生物降解包装材料的研究和开发工作已取得突破性进展，但仍存在如下问题：生产效率低、熔点和降解起始温差不大、结晶速度慢、加工困难、价格昂贵、实际应用受到限制。因此，培育转基因植物生产PBH等PHAs就成为研究和开发生物降解塑料的热点领域。

随着植物基因工程的迅速发展，针对微生物发酵生产PHB存在价格昂贵等问题，一些大公司相继开展了利用转基因植物作为反应器生产的PHB等包装材料的研制工作，即将可生产可降解塑料的基因（遗传信息）转移到植物（如油菜、棉花）基因上。英国的ICI/Zeneca种子公司确立的长期目标是将细菌生物合成PHB的途径导入合适的作物，以利用转基因植物大规模生产PHB/V包装材料；美国Monsanto公司于1996年启动了一个重大项目，旨在建立用转基因油菜生产包装材料的技术体系。

Monsanto公司Houmiel等报道，他们利用从真养产碱杆菌（*Alcaligenes eutrophus*）等微生物中分离的参与PHB生物合成的关键酶基因，构建了一个包含4个目的基因（Il-vA4461bktB/ph6A、ph6B、ph6Bt、ph6C）的植物表达载体，每个目的基因前融合有编码拟叶绿体转送肽（ctp）和Lesguerella羧化酶启动子（P-Lhr），目的基因尾部融合有豌豆bcSE9基因的E93′序列终止子（E93′），其中目的基因ph6B使用豌豆Bubisco小亚基转送肽。采用农杆菌介导法将此多基因表达载体导入油菜，转基因植物种子中含有7.7% PHB。进一步改变脂肪酸和氨基酸生物合成的中间产物流向，研究小组获得了能够合成积累PHB/V共聚物的转基因油菜，并证明该共聚物的积累并不影响油菜种子中油脂的合成和生产。

据报道，我国也已从真养产碱杆菌中克隆了PHB合成的2个关键酶基因（ph6B和ph6C），构建原核载体导入大肠杆菌获得了表达，还成功地将此基因导入马铃薯中。为了增加PHB产量，已完成了ph6A因的克隆，并构建了种子特异性表达载体，用以转化油菜，基因产物将定位于油菜籽的按需质体中。

九、纳米包装材料

纳米技术是 21 世纪最具前途的技术领域，使用纳米技术对包装材料进行纳米合成、纳米添加、纳米改性，或者直接使用纳米材料使产品包装满足特殊功能要求的技术或包装产品统称为纳米包装。从环境保护和社会学的角度看，纳米包装旨在改变传统的包装技术，充分利用纳米技术和纳米包装材料的综合特性，最有效地利用纳米材料的高新特性，注重包装功能的开发，注重节约资源，注重保护环境和维持生态平衡，使包装极有利于环境和人类社会。

纳米材料是指在三维空间中至少有一维处于纳米尺寸长度范围或由它们作为基本单元构成的材料，它是纳米技术最基本的组成部分。纳米包装材料是指分散相尺寸为 1~100nm 的粉体与其他包装材料合成或添加，或者对传统包装材料进行纳米化改性后制成的新型包装材料，也指纳米材料中可用于包装产品的部分，它们可分别称为纳米复合包装材料、纳米改性包装材料和纯纳米包装材料。就纳米复合包装材料而言，由于纳米复合材料是分散相尺寸为 1~100nm 复合的材料体系，其分散相尺寸为传统复合包装材料分散相尺寸（1~100μm）的 1/1000，故材料结构体系更加细微、更加分散，会因为纳米微粒的小尺寸效应、表面效应、量子尺寸效应和宏观量子隧道效应，使纳米复合包装材料具有传统复合包装材料无法比拟的一些特殊性质，如高强度、高硬度、高韧性、高阻隔性、高电阻率、低热导率、低弹性模量、低密度、高降解性和高抗菌能力等。尤其是具有高强度、高硬度、高韧性、高阻隔性、高降解性和高抗菌能力的纳米复合包装材料最有利于在实现包装功能的同时，获得绿色包装材料所需求的环境性能、资源性能、减量化性能、回收处理性能。如高分子聚合物中加入纳米热致液晶聚合物（TLMC）形成的聚合物基纳米复合材料（PNMC），因其拉伸强度等性能大大优于原聚合物基材料，因而在包装中的用途大为增加，同时节约了资源。

纳米改性包装材料是指通过添加少量表面改性的纳米粉料或使用纳米涂层做成的包装材料。利用纳米技术对传统包装材料进行改性可"量身定制"生产出既满足特殊包装功能要求，又具有优异绿色性能的新型纳米包装材料。在传统包装材料加工工艺和使用较成熟但尚需弥补对应包装在功能上的不足，且要求达到绿色包装要求的情况下，采用纳米技术对传统包装材料进行改性不失为一种投资少、见效快、减少资源浪费的办法，且更能体现绿色包装的价值。例如，由于纳米 SiO_2 透光性好、粒度小，故用纳米粒子添加到塑料中对其进行改性，使塑料变得致密，不仅能提高塑料包装材料的强度、韧性和防水性，起到补强作用，还能提高塑料包装品的使用寿命，也能使塑料包装材料的透明度大大增加，因而可作为特殊用途的高级塑料包装薄膜。如将纳米氧化铝弥散到透明的玻璃中，则可以在不影响原玻璃透明度的基础上，明显改善玻璃的脆性，提高玻璃的高温冲击韧性，较大幅度地延长包装的使用寿命，节约资源。在对聚氟乙烯进行纳米化改性后，再加入降解剂或除草剂生产出的塑料薄膜，除生产成本较低外，此类薄膜还因能很好地吸收太阳光中波长在 290～380nm 的紫外线，使塑料大分子迅速老化分解，变为低分子物质后完全降解，成为可彻底消除"白色污染"的环保产品。

纯纳米包装材料是指能用于包装上的纳米材料，如能用于包装上的纳米碳管制品等。

十、绿色包装辅助材料

包装辅助材料虽然占包装材料总量的比例不大，但对包装是否"绿色"却影响颇大，如涂覆于包装表面的油墨、涂料以及在生产过程中使用的胶黏剂，如不环保就会直接影响生产工人的健康、对环境造成危害以及对废弃物的回收利用。

有机溶剂型油墨由于在制造与使用过程中，常使用进行调配的溶汽油、甲苯、二甲苯、煤油、松节油、醇类、芳香族类等，它们在制造中干燥时，或在使用过程中，或废弃后焚烧处置时，均会挥发出有毒的碳氢化合物气体而污染环境，伤害人体，故目前开发水溶剂型油墨取代有机溶剂型油墨受到各国高度重视，水溶剂型油墨以水为溶剂，连结料由树脂和水组成，价格便宜，对环境和人体均无害，是一种良好的绿色油墨。随着水溶剂型油墨的进一步完善和印刷设备的加强改善，原来水溶剂型油墨存在的干燥速度慢、光泽度低、易造成纸张伸缩等三大弊端已有明显改进。从欧美工业国家使用情况来看，水溶剂型油墨凝固点高、黏度低、印迹清晰、墨色牢固、清洗简便，其干燥速度已达到 200m/min，分辨率超过 150 线/in（1in＝2.54cm），四色套印的图像十分清晰，其印迹光泽完全不亚于有机溶剂型油墨。

用水溶剂型取代有机溶剂型也是胶黏剂的发展趋势。在纸材黏合中，由于纸基浸水性强，黏结强度要求相对较低，故广泛使用水溶剂型的淀粉及其衍生物（转化淀粉、改性淀粉）作胶黏剂，为了提高淀粉胶黏剂的耐水性和快干性，可在淀粉中加入水溶性的酚醛树脂。糊精是这类淀粉胶黏剂的代表，它是一种白色或黄色粉末，是淀粉不完全水解的产物，适用于机械化生产的低黏度、黏接力稳定的胶黏剂；对于塑料复合膜或塑基（塑纸、塑铝等）复合，要求黏接强度高，则常以水溶剂型聚氨酯取代有机溶剂型聚氨酯作胶黏剂，或者以无溶剂型的热熔胶作胶黏剂进行黏接，均能取得减少污染和降低成本的效果。

金属涂装过程使用的涂料由于多属油剂溶剂（有机溶剂），给生产环境造成严重污染，近年来国内外也研发出了许多新型环保涂料，使钢桶涂装生产在绿色化道路上跨上一大步。自泳涂料是继阴、阳极电泳涂料之后开发的一种新型水性（水溶剂）涂料，它由丙烯酸系乳液与炭黑、助剂等混合而成，其乳液由丙烯酸单体及苯乙烯在引发剂、乳剂存在下共聚而成。其特点是以水作分散剂，不含任何有机溶液，有利于环境保护，配成的槽液性能稳定，属于清洁工艺，便于施工操作，也有利操作工人的健康安全。粘贴涂料是另一类有利环保，取代有机溶剂型液状涂料的新型涂料，它的本质是涂有彩色涂料和胶黏剂的高分子薄膜，可以很方便地粘贴在金属桶外表面，耐久性和耐候性均很好，使用操作简单，故目前在日本和美国已大量投入使用。近年还开发出粉末涂料，实现了无溶剂的干法涂装生产，从根本上消除了有害溶剂的飞散，喷过的粉末还可以回收再用，因而大大减少和消除了环境污染，而且涂装质量好、效率高，是金属包装和钢桶涂装发展的新趋势。

十一、绿色包装材料助剂

无论是绿色包装的主材料还是以水溶剂型取代有机溶剂型的绿色包装辅助材料（如胶黏剂、印刷油墨、涂料等），为了提高其使用性能，均需要在制作过程中添加对人体和环境无毒无害的助剂。助剂分无机材料和有机材料两大类型。当前，采用无机与无机助剂，有机与有机助剂，或者有机与无机助剂进行协同作用，采用"价值工程""正交法"或"倒算法"进行助剂的创新配方设计，以改善其应用范围和施工条件，提高产品档次，赋予产品特殊功能，已成为绿色包装材料制造中不可缺少的重要组成部分和一大潮流。

一种能够使包装完美，特别是能使包装循环使用和再生复用的材料助剂及应用水平，已成为衡量包装技术发展水平的重要标志。

（一）无机材料的开发应用

（1）碳酸钙：价廉色白、加工性能好的碳酸钙，属极性活性物质，在有机助剂的协同下，几乎可以满足造纸、塑料等行业的性能要求，作为填充、催干、增强剂，是价格最低的品种。

（2）滑石粉：常与碳酸钙协同作用的滑石粉（单斜晶系），能提高造纸纸浆的留存率、塑料制品的刚性和耐热性及薄膜散射光的透光率，改善包装薄膜的性能，提高油墨夜间的保温性，并可在水性油墨中起流平、防沉作用，甚至是PVC塑料的成核剂。

（3）高岭土：作为无机成核剂的高岭土（又称高黏土），能使聚丙烯塑料形成细微的球晶，提高机械强度，还可作为聚乙烯的绝缘材料用于生产6kV以上的高压电缆，在提高造纸纸浆的留存率方面比钙略优一等，以白色、灰色、黄色色料分别加入塑料，经吹塑、挤出、注射、压延和滚塑，可制成不同色彩的包装制品。

（4）硅灰石：占地壳中原子含量16.7%的硅灰石，具有较好的长径比（系三斜晶系），大多用来替代价格较高的玻璃纤维，常常用其制造耐热纸板，并作为塑料包装材料的增强剂，有效提高制品的耐磨性和包装规格尺寸的稳定性，并能与含卤阻燃剂一起用于防火塑料包装制品及防火液体印刷油墨中，该材料晶格含有—OH，所以能有效地防止油墨中颜料及填料沉淀，由于硅灰石的晶体在紫外线照射下发出荧光或磷光，故常被环氧树脂油墨采用。

（5）云母：被人们称作"千层级"的云母，是极复杂的硅盐材料，晶体常呈假六方片装，集合体呈柱状、板状和鳞片状，除作为造纸、塑料等包装材料的装饰性填充剂外，还是典型的增强剂，能有效地提高其制品的刚性、耐热性和规格尺寸的稳定性，促进其散射光的透过率，性能优于其他无机填充剂，并有极高的电气绝缘性及耐酸碱腐蚀性。

（6）石英：在半硬质聚氯乙烯塑料中作为填充材料，其耐磨性是碳酸钙的数倍。

（7）氧化镁：近年来用于印刷油墨，尤其应用于轮转印刷油墨中，能大大提高印刷图文的光泽度。

(二) 有机材料的开发应用

在造纸、塑料和印刷油墨等包装材料中，除无机材料得到开发与应用外，有机材料的研究与运用也有了质的发展。为了保护环境，人们在不断推出无机包装材料的同时，还不断研究探索开发出高效、安全、专用、经济的与无机助剂协同的有机材料助剂，其数目达数百种之多。

(1) 抗氧剂及辅助抗氧剂：用来改善塑料制品和印刷油墨的抗氧能力，推迟氧化开始的诱导期，延缓和阻止包装物在储藏或使用时变质。

(2) 光稳定剂：紫外线吸收剂 UV-P、UV-326、UV-327 等是光稳定剂的几种，具有吸收天然阳光或荧光源中紫外光部分的能力，能有效防止塑料、油墨等在阳光下的光分解作用。

(3) 偶联剂：分为硅系和钛系两类，现已推出第五代偶联剂——有机硅烷、有机钛酸酯、有机铝酸酯、有机锆酸等。作为塑料、油墨、纸张的填充剂能提高树脂的支化度和界面黏合力，并明显减薄包装印刷油墨图文的厚度，实现牢固的附着力。

(4) 润滑抗黏剂：能防止塑料材料和印刷油墨粘脏或粘连。20世纪90年代后期，含有等量的阴离子和阳离子的中性分散剂处理颜料和填料是以往所没有的，该助剂能与很多基料有很好的混溶性（配伍性）。

(5) 增白剂：一般分解温度大于 190～235℃，而 DBS 能耐 360℃，具有优良的匀染性、渗染性，其最大光谱吸收波长为370nm，主要用于纸张、塑料、油墨的增白，并能提高一定的包装外观白度。

(6) 热稳定剂：多以硬脂酸铝、硬脂酸钙、硬脂酸锌等 10 余种助剂在塑料、纸张、印刷油墨中应用，能有效防止高分子材料在加工制造、使用和储存过程中因受热而发生降解、交联、变色和老化，借以达到延长使用时间和保证质量的目的。

(7) 成核剂：一般用于"远程无序，近程有序"的结晶性的高聚物方面，与无机成核剂不同的是能大大提高包装制品的透光性。因此，用于改进聚合物的透明性，增加屈服强度和冲击强度，缩短成型周期及低温特性，有机成核剂能均匀分布在聚乙烯的分子链中，最近已经在 PE 包装膜上和感光树脂版上试用过，透光性较理想。

(8) 增塑剂：常分为主增塑剂和辅助增塑剂，也有分为表面增塑剂和体系结构内增塑剂。按化学结构分常用的有：磷酸酯系列、邻苯二甲酸酯系列、脂肪族二元酸酯系列、环氧化合物系列、聚酯系列、含氧化合物系列、苯多酸酯系列、脂肪酸单酯系列、均苯四甲酸系列和偏三酸三辛酯系列等 11 大系列 35 个品种，其作用是将增塑剂分子插入高分子聚合物的分子链之间，使聚合物分子链间的引力减弱，即削弱分子链间的聚焦作用，而增加分子链的移动性、柔软性。不科学地使用增塑剂，往往会导致纸张、塑料制品变形，感光树脂版和印刷油墨的化学针孔及连结料成为不干胶状而造成应用失败。

在数百种助剂中，最常用的是能使包装材料形成横向或纵向网状结构的交联剂、上光剂或光固化油墨的引发剂、防止商品与包装黏附的抗静电剂、光或生物降解的催化剂等。

第三节 绿色包装材料的环境性能评价

科学评价绿色包装材料的环境性能需采用生命周期分析方法（LCA），从包装材料的生命周期全过程（即从原材料的提炼到产品的最终处置）去分析、比较、评价，而不能只从废弃后或其他局部过程去分析比较。由于生命周期分析方法对产品（材料）环境性能评价的全面性、科学性，因而1996年颁布的ISO 14000已将它纳入为六个子系统之一，从而奠定了LCA评价产品（材料）环境性能的权威定位。

一、LCA的定义和技术框架

欧洲标准委员会（CEN）对LCA的定义为：生命周期分析是一种定量分析某一个产品在原材料提取、生产制造、消费使用、回收复用到最终废弃的全过程中对环境影响的方法。

国际环境毒理学和化学学会（SETAC）对LCA的定义为：通过对能源、原材料消耗及废物的排放的鉴定及量化来评估一个产品过程或活动对环境带来的负担的客观方法。

国际标准化组织（ISO）对LCA的定义为：汇总和评估一个产品（或服务）体系在其整个生命周期内所有投入及产出对环境造成和潜在影响的方法。

ISO 14040为生命周期分析方法的分析量化步骤确定了LCA的技术框架，它由四个部分组成：目标和范围界定、数据清单分析、影响评价和改善评价。目标和范围界定即明确研究对象，确定研究范围和建立起为分析对比用的功能单位；数据清单分析又称编目或列表分析，是LCA技术框架的中心环节，它是对产品、工艺过程或活动等研究系统在整个生命周期各阶段中，可以对资源和能源的使用以及向环境排放废物的数据进行收集，可以进行定量的技术分析过程；影响评价即对数据清单分析所辨识出来的量化数据对环境的影响进行定量或定性的描述和评价；改善评价则是在数据清单分析和影响评价的基础上，对产品减少能源和原材料的消耗、减少废弃物排放的机会及可能采取的措施进行定性或定量的分析和评估。目前，对数据清单分析研究最多也最充分，影响评价研究还在发展和完善之中，对改善评价的研究则是最少的。

二、影响评价的两种方法

在LCA技术框架中，影响评价是生命周期分析中难度最大、争议最多的部分。目前对环境影响评价常用的方法有定量分析法和定性分析法。

（一）定量分析法

定量分析法要求将产品在生命周期过程中对外排放废物对环境产生的影响用一个数量

指标来表示，它分为三个步骤。

（1）影响分类。即将产品排放的废弃物（又称为影响因子）对环境产生的影响，按环境影响的类型进行分类。通常，环境影响类型按人类关心的生态健康、人类健康和资源耗竭三个方面可分为十类，即全球变暖、臭氧层破坏、酸雨、饮用水和水资源污染、海洋污染、森林面积缩小、土壤沙漠化、物种灭绝、有毒废弃物、工业与生活固态废弃物。

（2）特征化。它是对环境影响评价定量分析的一步，即将引起的每一种环境影响类型的各个影响因子的影响程度汇总，方法是选择一个影响因子作为参照物，其他影响因子对这种环境影响类型的影响程度则可相对这个参照物取当量系数，即可得到折合当量值。如某冶炼厂排出的三种废气 SO_2、NO_x、HCl 均会引起酸雨，一般说 SO_2 对酸雨影响较大，排出量也较大，故可取 SO_2 为参照物，NO_x、HCl 则可折算为 SO_2 的当量值，三者相加即得对产生酸雨的环境影响潜力。

（3）量化评价。企业（或单位）的排放废物可能引起的环境影响类型（环境问题）不仅是一种，而可能有多种，那么，这些环境影响类型引起对环境总的污染或称总的环境影响潜力应如何计算呢？这就要取权重系数，对不同影响类型对环境的影响，取不同的权重系数，再将各环境影响潜力和权重系数的乘积相加，则可得到总的环境影响潜力。

这样，通过取当量系数和权重系数，就可使不同的排放对环境产生总的影响，可用单一数量化的指标来进行比较，使原本不可比的环境污染排放量指标有大致的可比性，对不同影响因子定当量系数，可主要通过仪器测定，通过计算比较确定。而对不同环境影响类型定权重则十分困难，目前，主要有两种方法：一是瑞士、荷兰等国研究的环境问题法，着重于环境影响因子和影响机理，以确定权重系数；二是瑞士、中国等国家研究的"目标距离法"，它着眼于影响后果，即用某种环境影响类型严重性的当前水平和目标水平之间的距离来表征某种环境效应的严重性。目标水平可以政策目标（如规定到某年，酸雨严重性要削减到多少）或管理目标（如规定到某年，允许排放标准是多少）来表示，而目标水平与当前水平两者的距离（即差距）即可用以确定权重。

定量分析法的优点是能对产品在生命周期全过程中的环境性能进行定量化比较，很直观，可比性强；缺点是计算复杂，需要收集的数据数量大，确定当量系数和权重系数也很难确保准确、科学，在计算过程中，还会涉及许多物理量、化学量、生物量、环境量之间的转化，更影响计算的准确性。因而，在对定量分析法完善发展的过程中，也使用了一种简化的定性分析法。

（二）定性分析法

定性分析法是依靠专家的经验进行环境影响评定。其主要优点是简单易操作，但也存在随意性的缺点。定性分析法常采用二维矩阵分析法评价产品的环境性能（表1-1）。二维矩阵一般采用5×8矩阵，其横向表示不同的环境要素，纵向为产品生命周期的主要阶段，每个矩阵元素则表示对产品生命周期各阶段的主要环境影响及严重程度。评价时，依靠行业专家和环境专家按照无污染或可忽视污染、中等污染、重污染三个不同的污染等级进行评价。其评价结果可定性分析产品在生命周期中的主要污染环境阶段及所产生的主要环境问题,据此可针对减少这些环境影响而制定产品环境标志的认证标准。

表1-1 生命周期评价矩阵

生命周期	环境要素							
	固体废物	大气污染	水污染	土壤污染	能源消耗	资源消耗	噪声消耗	对生态系统的影响
原料获取								
产品生产								
销售(包装、运输)								
产品使用								
回收处置								

某些时候,为了比较两个包装方案环境性能的优劣,在列出数据清单分析后,如出现明显一边倒的情况,这时就较容易地得到比较的结果。如下面对质量为1.816kg的高密度聚乙烯的洗衣粉包装桶和同质量的纸包装袋进行环境性能的比较性评估。

(1)确定目标和范围目标。即按生命周期全过程对两种包装方案的环境性能进行比较性评估。范围即生命周期全过程中原材料提取、生产加工、运输消费、废弃后等阶段。HDPE包装桶的生命周期全流程见图1-3。

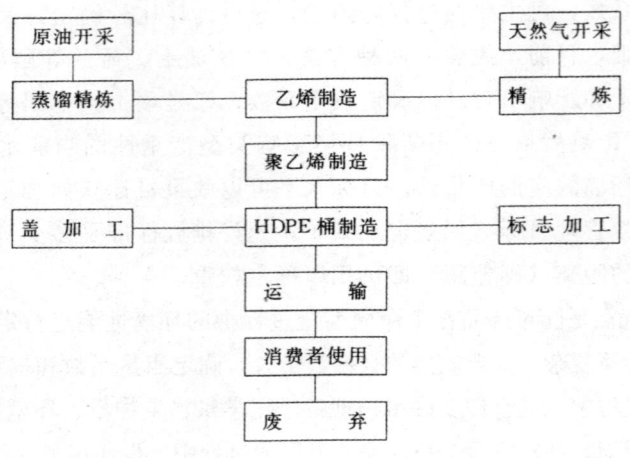

图1-3 高密度聚乙烯洗衣粉包装桶流程

(2)清单分析。表1-2是制作HDPE包装桶的石油原材料蒸馏精炼工序的输入输出数据(能耗和排放物);将图1-3中各工序的类同数据累加,即得全流程各阶段的能耗和排放物,表1-3中各数据即是1000个1.816kg洗衣粉的高密度聚乙烯包装桶和1000个纸包装袋在生产及全流程中所造成的能耗和排放物。

表 1-2　HDPE 包装桶蒸馏精炼工序的能耗和排放物

工艺中的能耗		大气污染物质/lb		水质污染物质/lb	
电能/kW·h	5.4	粉尘	0.06	BOD	0.014
天然气/ft³	285.5	碳化氢	0.3	COD	0.071
固体废弃物/ft³	3.5	二氧化硫气体	0.2	TSS	0.0097
		乙醛	0.04	油脂	0.04
		氨	0.02	铵	0.0013
				铬	0.0002

注　1lb=0.453 592 37kg；1ft³=0.028 3168m³。

表 1-3　HDPE 和纸包装袋全流程中的能耗和排放物

部门、阶段		大气污染物质/lb	水质污染物质/lb	固体废弃物/ft³	能耗/kcal
HDPE	原油开采	18.3	3.4	0.1	1.69×10^5
	加工	62.6	5.6	3.6	62.92×10^5
	运输	4.7	0.5	0	2.39×10^5
	废弃	1.1	0.1	92.8	0.58×10^5
	合计	86.7	9.6	96.5	67.58×10^5
纸包装袋		28.1	5.2	9.5	26.21×10^5

注　1cal=4.184J。

（3）比较评估。对本包装的两个方案进行环境性能比较，在数据清单分析后，即可清楚地看出，两种包装方案呈现明显一边倒的情况。显然，用纸包装袋取代 HDPE 桶包装洗衣粉可以降低环境负担。同时也可以看出，要改善 HDPE 包装桶的环境负担，应主要改进各加工工序的工艺，减少"三废"排放，降低其环境负担值。

第四节　绿色包装材料的开发

绿色包装材料是绿色包装的核心，它不仅能减少和消除环境污染，缓解对生态环境的压力，而且能节约资源，取代某些缺乏或贵重的资源，使废旧物品再资源化，同时也有助于攻破绿色贸易壁垒，解除国际上因禁止使用不可降解包装材料或严格的检验检疫规定而对我国出口商品的限制，因此需要高度重视并大力开发绿色包装材料。

一、以减量化、无害化和资源化作为开发的主要方向

在保证包装保护、方便和促销等主要功能的基础上，应努力减少包装材料的用量，改变过分包装，发展适度包装；努力开发轻量化、薄壁化的高功能新材料。如对啤酒瓶采用

一次性更轻更薄的玻璃瓶包装，在减轻质量、降低运输成本的同时，还可避免回收啤酒瓶重新灌装后因爆炸伤人事件的发生。又如采用新型轻质的镁金属材料部分替代马口铁罐，制作质轻、坚固、美观的小型包装罐，用以包装涂料、小五金和黄油等。

无害化是绿色包装材料必须具有的特性。无毒无害、无氟化、可降解已是当前绿色包装材料的开发方向，也是今后的主要开发方向。无毒无害是指在产品（材料）生命周期全过程中，选择原材料、提取原材料、生产工艺过程中，生产出的产品以及废弃后处置等各个环节均不能对人体及环境造成危害；无氟化是指制品在制冷和发泡过程中，不使用破坏臭氧层的氟氯轻物质；可降解则是指包装废弃后，废弃物能在自然环境中自行消解，不对环境产生污染。

资源化有两层含义。一是开发的绿色包装材料应符合我国资源国情，藏量丰富且是可再生资源。如用我国藏量丰富的竹材开发竹胶板包装箱取代木箱包装、开发植物纤维材料作食品快餐包装和缓冲包装材料，植物纤维材料来源丰富，价格低，可再生，又具有良好的缓冲且无毒无臭、通气性好、可全降解，故极具开发价值。二是包装材料要易回收、易再生。为此，要重视开发包装材料无公害回收再生技术，尤其是塑料包装材料的回收再生技术，使包装用完后废弃材料可再资源化，这也是国家当前发展循环经济所大力提倡的。在当前开发新型绿色包装材料与开发废弃包装材料回收再利用技术的两者中，我们更应当重视后者。

二、开发绿色包装基本材料的同时，也要重视对绿色包装辅助材料、复合材料的开发

基本材料是包装材料的基础，固然十分重要，但是绿色包装作为一个整体，也必须要有绿色的包装辅助材料，辅助材料用量虽占材料总量的比例不大，但对包装产品的绿色性能却颇有影响，如有机溶剂型胶黏剂在加工制作时容易挥发，排出有毒的碳氢化合物气体，尤其是苯、二甲苯气体将严重损害人体健康，甚至会致癌，因此现在要大力开发水溶剂型的胶黏剂（或油墨、涂料），目前还需要进一步提高水溶剂型胶黏剂、油墨、涂料的干燥速度、黏合力和光泽度。

复合材料在包装材料中应用很广泛，有塑料复合、纸塑复合、塑铝复合、纸塑铝复合、塑木复合等多种复合材料。它们在使用中最大的优点是具备多种功能，如多种阻隔功能、透湿功能等，使之高性能化，经济效益十分突出。如香烟常用铝箔包装以防潮，效果好但价格高，如果改用塑铝（箔）复合，只需在塑料基体上镀一层铝箔，就能有很好的防潮、防水汽透过的能力，并且可使价格降低很多。复合材料最大的缺点就是回收难，难在分离分层，而且在回收时复合材料如混入单一材料中，就将使单一材料的回收质量受到破坏，如铝纸塑复合材料混进单一纸板回收料中，就将破坏其打浆性能；复合薄膜如混入单一性的塑料薄膜中，也将使回收再生制品报废。因此，复合材料回收时一般只能作燃料，在焚烧炉焚烧回收热能。目前，解决复合材料高功能性与环境性能的矛盾，其方向主

要有：

(1) 开发单一高性能材料取代复合材料。

(2) 开发易回收利用的绿色复合材料。

两者的开发难度均很大。

三、研究开发绿色包装材料的清洁生产技术

包装材料环境性能应从生命周期全过程进行评价，而不能只从废弃后进行评价。实际上，目前主要使用的纸、塑料、金属、玻璃包装在生产过程中造成的环境污染远大于废弃后造成的环境污染。如纸包装在制浆造纸中排出的废液；塑料包装在石油原材料提炼过程中对大气造成的污染；金属包装在磨边、涂装工序中产生的噪声、烟尘给工人造成的身心污染；玻璃包装在熔炼过程中排出的烟尘及 CO_2、SO_2 对环境所带来的污染均十分严重。因此，为使包装材料在其生命周期全过程中具有好的"绿色"性能，就必须进行清洁生产。在清洁生产的"清洁能源和原材料""清洁的生产工艺""清洁的产品"三要素中，最重要的是开发清洁的生产工艺技术。清洁的生产工艺就是"少废"和"无废"工艺，要建立生产闭合圈，使生产过程中挥发或沉淀或跑冒滴漏流失的物料，通过回收再循环作为原料再回用，建立起从原料投入到废物循环回收利用的闭式生产过程，尽量减少对外排放废物，这样做不仅提高了资源利用率，而且杜绝了"三废"的产生，使包装工业生产不对环境造成危害。我国已从 2003 年 1 月 1 日起正式实施《清洁生产促进法》，对生产有毒有害、污染环境的企业要强制进行清洁生产审计。因此，大力开发绿色包装材料的清洁生产工艺技术对绿色包装材料的开发至关重要。

四、制定和完善绿色包装材料的法令法规

没有规矩不成方圆。绿色包装材料的开发使用和绿色包装的发展，如果仅有民众美好的愿望，而没有政府和法规的强制要求是难以取得理想效果的。因为绿色包装材料的研究、开发需要花费相当大的人力、物力，形成绿色包装又需要有特殊技术，这必然导致包装材料和容器的成本上升。生产厂家和使用者如果环境意识较薄弱，则不会自觉用较高成本去生产和使用环保包装，所以必须通过立法来管理绿色包装材料的生产、使用，以促进绿色包装材料和绿色包装的发展。以立法来强制推行绿色包装的发展也是世界各国普遍采用的行之有效的方法，我们在此方面基础薄弱，更需迎头赶上。制定行之有效的法规，一方面应吸收借鉴发达国家如欧盟国家的经验；另一方面则应进行包装环境科学的研究工作，更需要注意的是必须结合我国国情，发扬广大人民群众的积极性和发挥社会主义制度的优越性。

绿色包装材料的法规内容应包括绿色包装材料的环境标准、控制排放物总量的行政法规以及防止和消除排入环境中污染物的环境净化技术（主要为包装废弃物的回收利用技术）。还应建立对使用的包装废弃物进行再循环、再使用的体系，并制定 5 年、10 年必须

达到的包装材料再循环的目标。绿色包装材料法规也可纳入绿色包装法规，如《包装废弃物限制法》或《包装法》中。

五、制定绿色包装材料发展规划，齐心合力攻克难关

绿色包装材料的开发涉及许多高新科技，工业发达国家研究完全生物降解塑料已经数年，但至今真正的工业化生产产品还不多，其中涉及许多试验研究和工业生产的难题。绿色包装材料的开发工作不仅要包装工业内部，而且也要整个工业中各行业的协作；不仅要工业企业，而且也要科研院所、高等院校合作。因此，我们应该发挥社会制度的优越性，由中国包装总公司、中国包装技术协会牵头制定5~10年绿色包装材料的开发计划，提出主要的研究开发项目和目标，如高性能、低成本的纸浆模塑一次性餐饮具和包装制品，取代木箱包装的蜂窝纸板箱及生产装备、植物纤维缓冲包装制品、可完全生物降解塑料、可食性包装材料、高强度薄壁轻量化玻璃瓶、废弃包装的高质量回收再生技术，尤其是废塑料的高质量回收再生技术、复合包装材料的绿色化技术等，集中人力、财力、物力，组织精干队伍，有计划、有目标地开展攻关协作，使我国绿色包装材料的开发工作走在世界前列。

第二章　植物纤维绿色包装材料

在地球上，绿色植物利用太阳能进行光合作用，年复一年地繁衍生长，为人类提供廉价、环保且取之不尽的可再生资源。在这些生物质资源中，天然植物纤维由于其组成和结构的优良性，是最佳的环境友好型原材料，我国农作物秸秆资源丰富，年产量达数亿吨，主要用于制造包装材料，这一技术提高了农业资源的合理利用。

第一节　植物纤维制品的特点和应用

以农作物废弃物、草本植物和废纸为主要原料的植物纤维已被开发为一种新型绿色材料，目前在我国主要用以制作取代发泡餐具的一次性餐具。但国内外更关注的是将其开发为使用量更大的、取代泡沫塑料衬垫的植物纤维发泡缓冲制品和取代实木的模压包装制品，如衬垫、托盘等。

一、五种一次性可降解餐具的发展现状

目前，国内外取代发泡聚苯乙烯（EPS）快餐具的环保型替代品主要有五类，即可降解塑料（非发泡）餐具、PE淋膜纸板餐具、纸浆模塑餐具、植物纤维模压餐具和淀粉类膜压餐具。

（一）可降解塑料（非发泡）餐具

处于可降解塑料餐具研究前沿的美国、英国、意大利、日本等国均采用微生物降解方法和掺加光敏剂以加快餐具老化和裂解。目前，国际上已开发出的有生物降解塑料、光降解塑料、光和生物降解塑料餐具。英国ICI公司从20世纪70年代中期开始研究开发了生物降解塑料，到70年代末，开发了微生物合成的商品。意大利某公司开发了以混合淀粉为原料的生物降解塑料，并生产了圆珠笔类的产品和垃圾肥料化处理用的包装袋。英国科学家最近采用高科技的方法来改变一种油菜的基因，使其叶和籽长出含有塑料成分的聚合物。该聚合物经提炼后，能加工制成各种塑料制品，如快餐盒、塑料瓶、农用地膜等，其特点是能迅速降解，避免环境污染。美国Warner-Lambert公司于1993年推出了一种真正

的完全生物可降解材料，名为Noven，它是以玉米或马铃薯淀粉为主要成分，加入少量的其他生物可降解材料成分，经螺杆挤出机加工而成。美国嘉吉公司和一家聚合物公司成立了世界上首家利用玉米生产新型塑料的商品工厂，生产餐具、瓶子、杯子、泡沫塑料等。日本静冈县富士工业技术中心确定了可降解塑料与纸混合的技术，从而确立了可降解塑料成本高而难以普及的问题，并确立了混合纸法、层压法和成型加工法三种技术。日本和我国台湾研究出以玉米为原料经加工塑化而成的玉米淀粉树脂。用其制成的包装材料可通过燃烧、生化分解或昆虫吃食等方式处理掉，有望作为一次性餐具及其他用品的原材料。法国、德国、瑞士等国也在进行该方面的研究。

我国自20世纪80年代后期致力于可降解塑料的研究。山东求是科技研究所成功研制出一种阳光、生物可控双向降解高低压聚乙烯吹塑薄膜机组。该机可完成从颗粒到薄膜的成型，适用于高低压聚乙烯及不同等级的再生塑料颗粒，加入可控双降解母料以生产可降解的卫生袋、手提袋、农用薄膜等。北京塑料研究所研制的生物降解塑料餐盒，经卫生和降解性的评比检测，被铁道部选中。但目前国内市场流行的餐具多以聚丙烯、聚苯乙烯为母料，接枝共聚一些改性淀粉或添加少量光敏剂等促降剂做成的一次性塑料餐具。这类可降解餐具在自然环境中，仍需较长时间方能使产品变轻、变薄、碎裂，最终变成小碎片，并不能发生真正意义上的降解（即被环境所消纳或吸收），其碎裂的小片易被风吹起，四处飞扬，也会污染环境，对土壤也会造成潜在的污染。

（二）PE淋膜纸板餐具

PE淋膜纸板餐具的纸板主要以木材为原料，对森林资源造成浪费，成本也较高，并且为防透湿、透油需要在纸板表面涂覆一层不可降解的聚乙烯（PE）膜。餐具中的纸纤维部分在自然环境中易降解、腐烂，但尚有占产品总量5%～10%的PE膜不能降解，因而PE淋膜纸板餐具严格地说还不是一种可完全降解的餐具。由于其外观整洁美观，所以以其做成的纸杯在市场上还占有较大的份额。

（三）纸浆模塑餐具

纸浆模塑餐具以废纸浆和植物纤维浆作为原材料，辅加少量防水、防油剂在模具内直接模压而成，产品质量能满足盛热食的要求，其废弃物在自然环境中易腐烂，分解成的植物纤维被自然环境所消纳、吸收，是一种可全降解的环保型餐具，目前国内已有100多条生产线，可形成年产50亿只的能力。但所产产品价格较高，不易被普通消费者接受。

（四）植物纤维模压餐具

植物纤维模压餐具是将农作物的秸秆、稻草、稻麦壳、芦苇等一年生草本植物纤维或甘蔗渣、木屑等废弃物经粉碎成粉末后与符合食品卫生标准的胶黏剂、耐水剂、填充料等助剂一起，采用一定的工艺压制而成。该类产品虽然起步较晚，但可堪称是最环保的餐具，因为它不消耗木材，同时原料来源很广泛，且为再生资源，在生产过程中和废弃后，均不会对环境造成污染，因此具有明显的环保优势和资源优势。同时，该产品入土可作为肥料，在一定的原料组分下，还可作为饲料。一次性植物纤维餐具是我国新开发的环保产品，而目前国外对直接用植物纤维制作一次性餐具的报道较少。

美国伊利诺伊州诺伊大学的学者研究发现，玉米芯中含有一种叫玉米的蛋白胶质，经提炼后制成薄片，再在其表面涂上一层脂肪酸，就可压制成食品盒或包装袋等可降解的绿色包装材料。该食品盒在土壤中大约 14 天左右就能分解腐烂，在水中则 7 天左右就可溶解。无论在土壤中还是在水中，都是优质的肥料。

福建福州兴创轻工机械技术开发有限公司和中国轻工投资公司合作，成功研制出新型纯天然植物纤维快餐具系列产品。该产品可用 108 种天然原料生产，如农作物秸秆和叶、树木枝条、草秆及农作物加工后的废弃物等。该产品可一次性使用，也可以多次使用，用后可作肥料或饲料，还可重作餐具原料。西北农林科技大学机电学院自 1991 年以来致力于农作物秸秆等研究，开发出一次性植物秸秆餐具，并已取得国家发明专利。哈尔滨经宇公司利用玉米秸、麦秸、高粱秸、棉花秆、稻草、稻壳、树叶等植物秸秆末为主要原料，用新型的无毒无味胶黏剂生产出全降解植物纤维餐具，使用后埋入土里，在自然界中 48 天内可完全降解。重庆青天环保材料有限公司开发的植物纤维餐具（发泡型），各项性能指标和卫生指标均符合 GB 18006.1—1999 所规定的一次性可降解餐具技术标准，单件质量只比同容积纸浆模塑餐具重 1/3，而单件价格又比同容积纸浆模塑餐具便宜 1/3，白度达到 90，盛热油 3h 不渗漏，从 3～5mm 高处跌落不破损，在土中湿润及厌氧掩埋下 40 天可完全分解，在水中浸泡 3～4h 可软化，24h 可完全分解。

（五）淀粉类模压餐具

淀粉类餐具又称为可食性餐具，该类餐具是以淀粉、蛋白质、纤维素等和其他可食性助剂按一定的比例组合，经搅拌和捏合后，采用一定技术精制而成。其优点是确保容纳快餐、速食等后，既可一起食用，又可回收作为高档饲料。遇冷水后能在一定时间内膨胀至降解，对土壤不但无害而且有益，基本上能达到无垃圾、无污染的目的。目前，可食性餐具的主体材料为山芋淀粉、玉米淀粉及玉米原粉等。根据不同使用场合可另加不同组分，如抗湿剂等。目前，在冷食业使用的可食性餐具——"蛋筒"，只能盛放冷食——冰激凌和固体奶油。该蛋筒怕水、怕热、刚性差，尚不能视为真正意义的可食性餐具。

美国的 Dean D Duxbury 和日本的伊藤等分别用植物蛋白和小麦面粉（主要成分是淀粉和蛋白质）制备出了可食性餐具和食品包装容器。这种餐具或容器既可以被人同食品一起食用，又可以收集粉碎后用作饲料，从而达到生物高分子材料的再利用。

北京的一个轻工业品研究所选用木薯淀粉作为原料，自行研究出具有可回收、可降解、可实用、无毒性等特点的一次性生物全降解可食性餐盒。浙江临海市保健饮料有限公司开发出可食用快餐碗（盒）环保新产品。沈阳环球绿色生物降解制品设备有限公司的可食性餐具——淀粉盒已有少量在东北上市。同时，沈阳环球绿色生物降解制品设备有限公司引进德国 DIOTEC 技术设备试产的部分淀粉盒已出口到韩国。

淀粉类餐具的防水、防油性较差、易脆裂、易被微生物侵蚀，储存较困难，当不能被回收用作饲料时，将造成粮食的浪费。另外，淀粉类模压餐具的技术还不够完善，目前尚不具备规模生产的条件。

以上五类快餐具在国内的生产、销售情况如表2-1所示。

表2-1 一次性可降解餐具的生产量、销售量情况

项目	纸浆模塑	纸板涂膜	植物纤维模塑	食用粉模塑	光、生物降解
生产量	5亿只	500万只	1000万只	500万只	5亿只
销售量	3.5亿只	300万只	500万只	400万只	4亿只
生产能力	50亿只	1.5亿只	2亿只	1亿只	10亿只
生产厂家	60多家	20多家	8～10家	4～6家	10多家

二、植物纤维制品的绿色性能及优势

植物纤维制品除做餐具外，还可通过发泡制作用于工业防震内衬的缓冲包装材料。其制品在环境资源性能上具有以下优势。

（一）资源优势

植物纤维模塑餐具完全不消耗木材，材料来源广泛、丰富、便宜，均为再生资源。我国是一个石油、森林资源有限的国家，但是作为一个农业大国，秸秆、稻壳等农作物废弃物以及芦苇、竹等植物纤维都非常丰富。利用植物纤维制作餐饮具和缓冲制品，使草本植物和农作物废弃物可成为工业原料，有利于农业资源的合理利用，提高农产品的附加值。

（二）环境性能优势

发泡聚苯乙烯（EPS）对环境造成严重污染的原因主要有两方面，一是200～300年长期不降解、不腐烂，因而其废弃物若埋入土中会形成永久的垃圾，劣化土质，影响农作物生长，若落入水中会使水质污染，若将其焚烧，则会产生十余种有害气体而污染大气；二是在生产过程中，因加入了发泡剂——氟利昂，会严重破坏大气臭氧层，损坏地球"盾牌"，从而难免使人受到紫外线直接照射，导致癌症或白内障。还有专家研究认为，泡沫塑料餐盒在接触60℃以上的物质时，会产生16种危害人体的毒素。植物纤维制品却因能完全降解腐烂，回收后又可作饲料，入土可作肥料，因而其废弃物不对环境造成污染，同时在生产过程中，也不对大气及环境造成污染，符合"无毒、无味、降解，生产制造及使用和销毁过程中均无污染"的绿色环保餐具的定义。

（三）价格比较优势

在五种一次性可降解餐具中，可降解塑料餐具价格最低，目前在国内市场上占有最大份额；PE淋膜纸板餐具价格最高；纸浆模塑餐具和淀粉类餐具价格均高于植物纤维餐具。在相同容积的前提下，植物纤维餐具价格比纸浆模塑餐具价格便宜1/3，因而具有价格优势。

五种一次性可降解餐具目前的市场价格见表2-2。

表 2-2　五种一次性可降解餐具的市场价格　　　　　　　　　　单位：元/件

快餐具	可降解塑料餐具	PE淋膜低板餐具	纸浆模塑餐具	植物纤维餐具	淀粉类餐具
价格	0.08	0.5	0.35	0.25	—

三、植物纤维制品的应用范围

国内生产的植物纤维制品已应用于以下的范围：
(1) 餐饮具，如碗、饭盒、杯、盘等。
(2) 方便食品包装，如方便粉丝、方便米粉、方便米饭等。
(3) 农用地膜，具有可自行降解、不污染环境、不破坏土地结构的特性。
(4) 育苗钵，用于园区、林业、农业的育苗栽培，以及治沙、培育防护林。
(5) 工业包装内衬，用作瓷器、洁具、玻璃器具及其他工业品的缓冲包装材料。

第二节　植物纤维餐具的生产工艺分析

全降解植物纤维餐具是具有代表性的植物纤维制品，也是植物纤维取代PES的主要用途之一。植物纤维餐具于20世纪90年代初在我国开始研制，在90年代末期有了较大的发展，目前国内建成投产的有100余条生产线，产量50亿只/年，部分产品已出口韩国和东南亚国家。

一、生产工艺过程

目前较成熟的植物纤维餐具的生产工艺过程包括：选择主料、主料预处理、配料搅拌混合、计量称量、热压成型、表面喷淋、烘干消毒和检验包装入库八个部分。其工艺流程如图2-1所示。

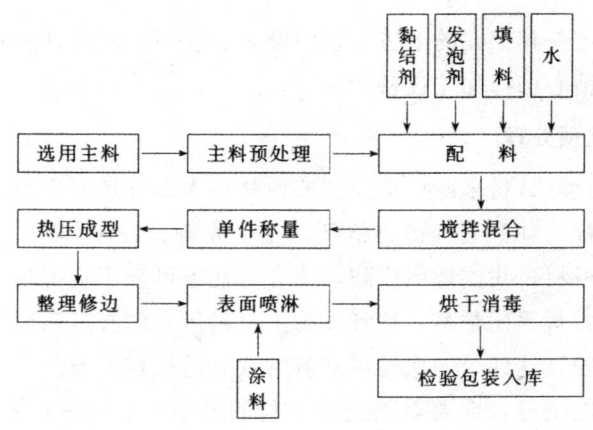

图 2-1　全降解植物餐具的工艺流程

二、主要工艺问题

植物纤维餐具虽然具有环境性能优势和资源优势,但是在制作过程中,由于原材料的性能及获取方式的原因,存在一些需要认真解决的工艺问题。

(一) 卫生性能

在以农作物废弃物为主的植物纤维中,残留着农药、粪便、灰尘和附着在其上的细菌、霉菌,若处理不干净,则使在规模生产中的安全、卫生性能难以保证。

(二) 防油、防水性能

中国餐食的特点是餐具盛装热油、热水,低温时餐具防水、防油渗漏较容易,但高温时则较难。

(三) 防潮霉变

植物纤维制品的材料亲水性强,因而容易吸潮,在潮湿的环境和多雨季节,制品可能发生霉变。

(四) 强度和脆性

植物纤维制品的柔韧性差,跌落时易破裂;在盛装热水、热油的状态下,黏合强度差,脆性大,手端时单边稍用力,餐具制品易发生碎裂。

(五) 外观及颜色

制造工艺、参数及配方选择不当,制出的餐具制品外观粗糙,颜色发黄。

(六) 壁厚及质量

植物纤维制品由于原材料韧性不足,脆性较大,制成的餐具产品壁较厚,质量较大,使运输成本提高。

三、生产工艺分析

为了解决植物纤维餐具存在的上述工艺问题,必须在工艺设计过程中认真安排工艺流程,优选工艺参数,精心选择加工设备。

(一) 主料选择及预处理

植物纤维模塑餐具原材料来源广泛,主要原材料大部分是农作物生产和加工后的废弃物,如稻麦壳、稻麦秆、甘蔗渣、植物秸秆、花生壳等。在制作中应尽可能选择韧性好、纤维长的原料作为主材料,我国地域广阔,南方和北方可根据资源情况分别选择。实践证明,芦苇、甘蔗渣、竹材等比稻草、秸秆作为主材料做出的餐具强度高、脆性小。

为了使植物纤维餐具达到《一次性可降解餐饮具通用技术条件》(GB 18006.1—1999)中规定的各项卫生性能指标,需要着重进行主料的预处理,通过在石灰池中浸泡、粉碎、漂白、高温蒸煮,再用高温高压热蒸汽密封烘干等一系列严格处理后,制成纤维板(这部分加工可在造纸厂中完成）。同时，在后续热压成型和烘干消毒的工序中，再利用高温和紫外线灭菌消毒，以保证餐具制品达到 GB 18006.1—1999 规定的大肠菌群、沙门菌、霉菌、蒸发残渣、重金属含量、荧光性物质、农药残留量等各项卫生性能指标。

（二）配料搅拌、计量称量

将从造纸厂购回的植物纤维板在高速下（4500r/min）粉碎成 3～5cm 的纤维丝，形同发泡的棉花。再配以适量的胶黏剂（如玉米淀粉等）、填充料（如滑石粉、碳酸钙等）、防潮防水剂（如骨胶、聚乙烯淋膜、VAE 等）和水一起搅拌，水温控制在 75℃左右，此时玉米粉的黏稠度正好。温度过高，玉米粉的黏稠度太强，黏性过大；温度过低，黏性又太小。最终搅拌成熟面状。再加入适量的发泡剂（如碳酸氢铵等），然后按餐具制品形状及厚度测算质量并按此称量分切，为热压成型工序备料。

各种配料选择十分重要，以前用食用胶类作黏接剂，造成餐具颜色黑黄，外观不美，给人一种不好的感觉。选用骨胶和聚乙烯淋膜作防潮防水剂，只能耐低温，若油温在 120℃以上，几分钟之内餐具就会发生渗漏。选用防潮防水剂，需满足无毒、可降解、耐高温三个条件。中国石化集团四川维尼纶厂生产的乙酸乙烯—乙烯共聚乳（VAE）经稀释改性后能较好地满足上述三个要求，除无毒、耐高温、防油水渗透外，它在干时不降解，但当吸满水后即能降解。

采用发泡工艺——加入发泡剂的目的是在热压成型时，利用型腔的压力和密封，进行高温发泡，使餐具在保证内外壁光滑的前提下，在内外壁之间形成中空蜂窝状，使纤维在其中形成均匀分布的网络，减少了脆性，提高了餐具的韧性和强度，增强了其隔热性，同时也减轻了产品单件的质量。

以上各配料的配比是：植物纤物占 30%～40%，作胶黏剂的玉米淀粉占 30%，填充剂占 30%～40%。此外，改性 VAE 占植物纤维、胶黏剂、填充剂总量 5%。喷淋时使用，发泡剂占总量 3‰～5‰（植物纤维作缓冲包装材料时，发泡剂所占比例要加大），脱模剂（硬脂酸、工业用柏油）占总量 1%。

（三）热压成型

热压成型是植物纤维餐具制作的重要工序。外观的光亮度、形状、壁厚等均是在关键的热压成型工序中形成的。热压成型的关键有三：一是成型工艺；二是工艺参数；三是成型设备。

早期植物纤维餐具的热压成型采用吨位较大的油压机在高压、低温、不发泡等条件下完成的。生产的产品表面较粗糙，性能较脆，壁也较厚，在后续烘干工序中，因无法膨胀导致餐具变形或废弃。现在使用的成型工艺是采用吨位较小的机械传动或液压传动的成型机，在低压（8kg 左右）、高温（230～250℃）、短时（25～30s）、发泡等条件下完成。生产的餐具内外壁光滑，壁厚可控制在 1.2（边）～1.8（底）mm。餐具在此时已发泡，外观较好，有一定韧性，质量较轻。成型后的餐具还需去除毛刺和飞边。

成型机常用的有机械传动和液压传动两类，机械传动的成型机一般是两个工位，设置有时间继电器和温度控制器，使用红外线对装在上模顶部和下模底部的铝加热板加热。

上、下模的合模运动是通过蜗轮副和齿轮副传动，使电动机转速（1860r/min）减速后，再通过双曲柄连杆机构使上模与装置在底座上的下模合模，利用传动产生的冲击力和成型模型腔自身的压力（8kg），以及在密封条件下高温短时成型，制品成型后用顶杆从下模中顶出脱模。液压传动成型机可实现多工位连续工作，工作效率高，系统动作灵敏可靠，运行状态良好，成本较高。下面对液压成型机进行专门介绍。

为了降低成本，提高生产效率，一次植物纤维餐具液压成型机常设计成多工位式。图2－2所示为十二工位连续回转式植物纤维餐具成型机，生产效率每分钟10个，成型压力200kN。成型餐具最大高度80mm，水平方向投影面积不大于200cm^2，保压时间30s，其工作过程是：上、下转盘在转轴的驱动下连续转动，转速1r/min，在上转盘转动的同时，从转阀供给的液压油分别进入不同的液压缸，使液压缸进行压制、保压、退回和停止，最后由斜楔顶出装置向上顶出工件，人工进行上、下料。

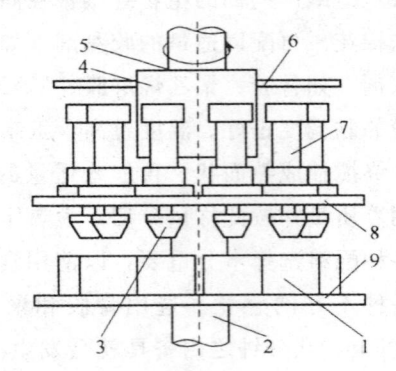

图2－2 成型机结构示意

1—下转盘 2—转轴 3—模具 4—转侧 5—管接头
6—阀支座 7—液压缸 8—上转盘 9—下转盘

1. 液压系统的设计

（1）转阀的设计。根据工作要求，液压缸快进和快退时需要压力较小，流量较大，压制和保压时需要压力较大，流量较小，而快进、快退、压制、保压又要同时进行，这时需要采用高低压泵分别供油。为此，将转阀设计如图2－3所示结构，工作时阀体固定，阀芯转动，阀芯两端的油口分别与油缸的进出油口相连接，在阀体上开有6个进回油口，它们分别与油泵、油箱以及阀套上的6个腰形槽相连通。如图2－4所示，阀套与阀体之间采用过盈配合，阀芯与阀套之间通过研配后用矩形密封环与阀套采用过渡配合，并用端盖把密封环压在阀芯的凸台上，通过调节端盖上的螺栓来调节密封环与阀芯凸台之间的作用力来进行密封。

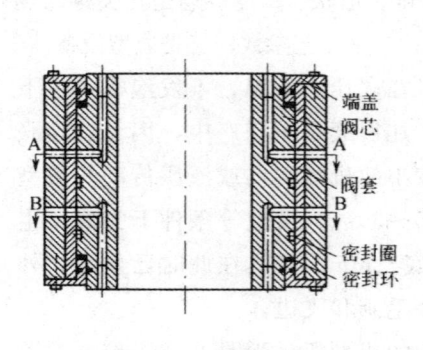

图2－3 转阀结构

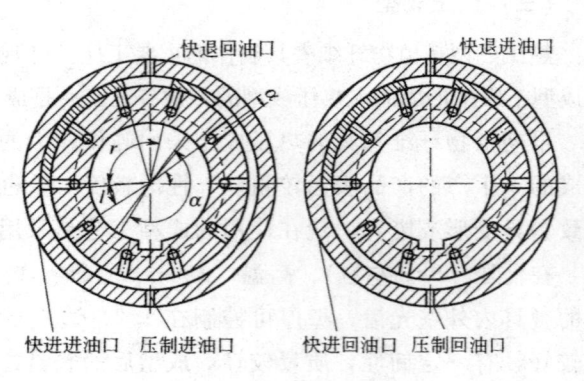

图2－4 A—A、B—B剖面

假设阀芯的直径为 D，油孔直径为 d，油孔之间的夹角为 α，快进和快退时腰形槽的夹角为 β，压制和保压时腰形槽的夹角为 θ，保压时间为 t，从快退到快进之间的封油角为 v，从快进到压制，从保压到快退的封油角相等，皆为 δ，转速为 n，工位数为 m，由于快进时液压缸向下运行，负载是负负载，需要压力比较小，而快退时，由于起模和模具的自身质量等因素，负载比较大，两者又同用一个液压泵供油。为此，两者不能同时运动，这样就要求工作台在转动 α 角之前，也就是在两个工位之间完成快进和快退，而快进和快退的转换可以通过负载不等运动时所需要的压力也不相同来实现，则：

$$\alpha = \frac{360}{m}$$

$$\beta = \alpha - 4\arcsin\frac{d}{D} = \frac{360}{m} - 4\arcsin\frac{d}{D}$$

$$\theta = \frac{360n}{60}t - 4\arcsin\frac{d}{D} = 6nt - 4\arcsin\frac{d}{D}$$

$$v = 2\alpha + 4\arcsin\frac{d}{D} = \frac{720}{m} + 4\arcsin\frac{d}{D}$$

$$\delta = \frac{360 - (\alpha + \beta + v)}{2} = 180 - \frac{540}{m} - 3nt - 2\arcsin\frac{d}{D}$$

当 $\delta < 3\arcsin\frac{d}{D}$ 时，要通过改变工位数使得 $\delta > 3\arcsin\frac{d}{D}$。

此外，为了减小压力冲击，在压制和保压所对应的腰形槽的两端要设三角形的卸荷槽，以减少振动和噪声。

(2) 回路的设计。如图 2-5 所示为十工位连续回转式一次性植物纤维餐具成型机液压系统，11 是高压小流量液压泵，14 是低压大流量液压泵，通过转阀来控制液压缸 1~10 的运动。在液压缸向下运动时，由背压阀 13 来控制缸下腔的压力，起到平衡作用，在压制、保压和退回时，执行元件回油腔的油直接流到回油箱。不经过背压阀 13，这样当阀芯在转轴带动下连续转动时，从叶片泵 14 供给的压力油分别与从加料到快进的油缸 3 的上腔以及从保压到快退的油缸 6 的下腔相连通。由于缸 3 是负负载，运动时需要的压力小，先向下快进，当进行预压时，负载增大，叶片泵 14 的压力增大，缸 3 停止运动，缸 6 开始向上退回，缸 2、4、5 不动，缸 1、7、8、9、10 由油泵 12 供油进行压制和保压。

2. 液压系统的特点

(1) 通过一个专用转阀代替许多换向阀，使油路结构简单，维护方便。

(2) 转阀内设置密封环，通过端盖对磨损间隙进行补偿，减小泄漏。

(3) 通过转阀上的卸荷槽实现先卸压后回程，减小了振动和噪声。

(4) 各缸的顺序动作是通过转阀的阀芯相对于阀体的连续转动来实现，动作可靠。

(5) 压制和保压、快进和快退分别采用高低压泵供油、快进加背压。快进和压制无背压，能量损失小，系统效率高。

(6) 利用快进缸与快退缸所需压力大小不同进行自动切换。

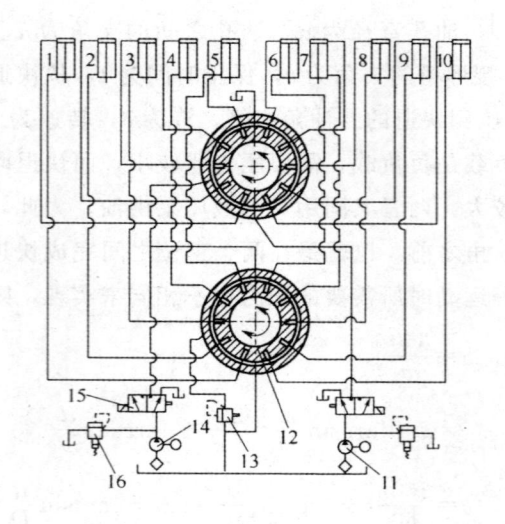

图 2-5　液压系统原理

1～10—液压缸　11—柱塞泵　12—油泵　13—背压阀　14—叶片泵　15—换向阀　16—溢流阀

(四) 表面喷淋

在高速旋转的离心机上，将乙酸乙烯—乙烯共聚乳液（VAE）高速喷淋在餐具的内表面上，喷淋层很薄，仅 0.01mm，用以降低其内表面的粗糙度，同时进一步增强餐具的防水、防油、防渗漏性能。

喷淋（淋涂）工序对餐饮具加工十分重要，包括植物纤维餐具在内的五种一次性餐具的材料均不耐水、油、酸、醇等，如不经喷淋，餐具就不能直接使用。对喷淋剂的要求是：

(1) 性能稳定，无异味，有光泽。

(2) 耐水、耐油时间长，100℃以上高温不渗漏，且不易粘连。

(3) 可降解。

早期制作餐具所选喷淋剂不能很好满足上述要求，经多年开发研究，目前已生产出多种满足要求的喷淋剂。

由中国石化四川维尼纶厂生产的VAE是其中之一。VAE是以乙酸乙烯和乙烯单体为基本原料聚合而成的乳液，有多个品种，其中的一些还加入了第三单体，使聚合物具有某些特殊性能，以满足不同的需要。VAE乳液具有很好的耐酸耐碱性、混溶性、储存稳定性；其聚合物有很强的黏性（作为餐具黏接剂时，量少且要经水稀释），有很好的耐热性，能耐高温，有很好的耐水性，在餐具中经改性后用作喷淋剂。餐具用完丢弃后，经吸湿饱和后可降解。

吉林某企业也成功开发出一次性可降解植物纤维餐饮具使用的内淋涂胶。该涂胶在自制乳化剂中加入多种单体——甲基丙烯酸甲酯（MMA）、丙烯酸乙酯（EA）、丙烯酸丁酯（BA）、环氧树脂、过硫酸钾和交联剂甲基丙烯酸（MAA）等的共聚乳液，能满足对喷淋剂的要求。加入多种单体是为了综合利用各自的特点，获得理想并能满足各方面要求的性能。选择甲基丙烯酸甲酯为硬单体，可以提高内淋涂胶的玻璃化温度以获得理想的脆性，避免餐饮具因环境温度过高、湿度过大和运输储存中相互挤压而粘连在一起，并且可使胶膜具有一定的光泽；选择丙烯酸乙酯为单体，可以提高内淋涂胶在餐饮具壳体上的附着力及耐溶剂性，避免因水、油等浸泡而使胶膜渗漏、起皱、起皮；选择丙烯酸丁酯为软单体，可以提高胶膜的柔韧性、耐光性、耐热性、耐寒性及在餐饮具上的附着力；选择环氧树脂为单体之一是为了降低内淋涂胶的固化温度，缩短餐饮具淋涂后的烘干时间；上述几种单体有很好的互溶性，可使共聚的链结构相对均匀，而各种单体随其碳键不同且显示出各自的特性，可使共聚物更具有优势互补作用。加入交联剂是为了清除热塑性丙烯酸系乳胶涂料的某些缺陷，选择甲基丙烯酸作为交联剂是为了产品在使用前高温烘干过程中，聚合物分子自交联而形成网状结构，从而大大提高胶膜的内聚强度。

（五）烘干消毒，灭菌包装

餐具在装有红外线的烘道中通过，烘干温度为150～250℃，然后在装有紫外线照射的密封室中进行灭菌包装。

烘干是餐饮具制造过程中一道重要的工序，它的主要目的是将制品材料中所含水及溶剂等可挥发成分汽化除去。常用的干燥设备有箱式热风干燥机、斗式鼓风干燥机与搅拌干燥机等；干燥设备及干燥效果离不开干燥介质，常用的干燥介质除空气外还有氮气等惰性气体，氮气用于干燥含有大量溶剂的物料，也可通过减压（真空）干燥、微波干燥及远红外线干燥实现。

（六）降解性能检测

植物纤维餐具的最重要特点是能在自然环境中自行降解。降解性能要按照《一次性可降解餐饮具降解性能试验方法》（GB/T 18006.2—1999）的规定检测。主要方法是堆肥法，美国标准是 ASTMD 5538。国内目前产品多采用环境观察法和水泡法进行测定。重庆青天环保材料厂生产的一次性植物纤维快餐具在置于土中润湿情况下，40天左右可以完全腐烂分解；在静水中浸泡，则3～4h内软化，24h内可完全腐烂分解。

如采用非天然材料作胶黏剂和其他添加剂，则会降低餐具的降解性。

第三节　植物纤维发泡缓冲制品的生产工艺分析

植物纤维材料除制作食用包装及餐饮具外，另一大用途就是开发作为工业防震内衬的缓冲包装材料。

在缓冲包装领域中，最早使用的缓冲材料是瓦楞纸衬垫、隔板以及废纸条等。在装箱过程中需要大量的手工劳动，缓冲性能并不理想，取而代之的是 EPS 发泡塑料。由于

EPS生产中使用氟里昂，破坏臭氧层，因而在1987年的蒙特利尔会议上，各国签订了禁用氟氯烃物质的议定书。我国作为《蒙特利尔协议》的签约国，现在正在加大力度限制和淘汰一批对环境有严重污染的产品。为此，我国于1996年4月1日颁布了《中华人民共和国固体废弃物污染环境防治法》，该法中规定了"三化"原则，即提倡固体废弃物资源化、减量化和无害化。EPS泡沫塑料制品是污染大气环境的主要产品，被淘汰和禁止势在必行。然而，EPS泡沫塑料制品具有优越的包装性能以及低廉价格，故至今还没有寻找到它的理想替代物。

目前主要的替代产品是纸浆模塑防震内衬包装制品，即以废旧报纸、纸箱纸等植物纤维为主要原材料，经水力机械碎浆、模具真空吸附成型，再经干燥而成。其产品应用领域可涵盖电子、机械零部件、工业仪表、电工工具、家电、电脑、玻璃、陶瓷和泡沫塑料制品、农产品等行业。但由于其制品过于致密，抗震耐冲击性能大大低于EPS材料，该制品的抗震耐冲击性能主要是通过制品的几何结构来保证的。由于受到模具结构及加工的影响，制品的发展受到很大的制约，只能制作小型包装衬垫，而制作大型家电产品的包装衬垫及填充仍然采用EPS发泡塑料制品，这一技术难题至今未能得到有效解决。同时，由于纸浆模塑成本比EPS泡沫制品的高，因而极大地限制了纸浆模塑制品的发展。

近几年，一种新型的包装制品材料——植物纤维发泡包装制品及其成型技术正在研究开发中，该制品是以植物纤维（废旧报纸、纸箱纸和其他植物纤维材料等）以及淀粉添加助剂材料制作而成。该新型包装制品材料具有不污染环境、制作工艺简单、成本低廉、原料来源广、防震隔震性能优于纸浆模塑制品等优点，不仅可以制作防震内衬，也可替代EPS制作填充颗粒物体，其效果与EPS制品基本相当。国内外对发泡型植物纤维缓冲包装材料的制作及机理方面的研究已取得了不同程度的阶段性成果。其实验室制成的样品已显示该产品的发展具有巨大的市场潜力。然而，目前该技术离实现工业化大规模生产还有一定的距离。

一、植物纤维发泡制品的性能特点

（1）植物纤维发泡包装制品的主要原料是废纸、植物纤维（蔗渣、麦秸、稻草等）以及工业淀粉，不会对环境和回收造成障碍，有利于生产商的产品出口。

（2）植物纤维发泡包装制品适用范围广泛。随着植物纤维发泡技术的进步，现在使用EPS泡沫做内衬及填充包装的产品都可能被其替代。

（3）综合成本低。植物纤维发泡制品与纸浆模塑产品相比，工艺简单，无须形状复杂的成型模及热压模，生产时间及周期短，能耗和原料成本低。

（4）防静电、防腐蚀性能优于EPS发泡材料，防震隔震性能则优于纸浆模塑产品，与发泡塑料制品的缓冲性能基本相当，而无须像纸模制品通过其复杂的几何形状构成的力学结构形成的缓冲性，降低了制品的制作难度。

（5）在力值检测中吸震和抗震均优于纸浆模塑产品，并可按不同包装产品的要求加入增强剂、柔性剂、防水剂、防油剂、阻燃剂等多种辅助添加剂,实现多种功能。

(6)可制作大型家电产品及电子产品的包装衬垫及填充,可填补纸浆模塑产品至今还无法制作该类包装产品的空缺。

二、制作工艺及设备特点

植物纤维发泡与发泡塑料相比,具有生产工艺比较简单,无须多次发泡和冷却的特点。植物纤维发泡制品的发泡工艺主要有两种:使用化学发泡剂和不用化学发泡剂。

不用发泡剂的植物纤维发泡制品是采用旧书废报纸或其他纤维和淀粉作原料。该发泡制品不需要化学发泡剂,而是通过水蒸气的作用发泡。发泡纤维制品生产和使用都具有对环境有益的特性,可以和普通垃圾一样处理,用过的纤维制品还可以回收,重新加工。从经济效益来看,生产同样数量的包装材料,纤维制品比泡沫塑料要便宜,纤维制品具有很大的应用前景。

使用发泡剂的植物纤维发泡制品的制作工艺与不用发泡剂的植物纤维制品基本相同,只是生产发泡的媒介不是利用水蒸气,而是采用各种发泡剂进行发泡。该方法对于发泡的控制相对容易,目前的发泡剂主要有:碳酸氢铵、碳酸氢钠、尿素、4,4-氧代双苯磺酰肼、偶氮二甲酰胺、甲苯磺酰肼等,其中有些发泡剂对环境有不利的影响,如果选用不当,在生产过程中以及在用后的处理过程中会对环境造成一定的影响。

纸浆模塑、EPS 发泡制品与植物纤维发泡制的性能比较见表2-3。

表2-3 纸浆模塑、EPS 发泡制品与植物纤维发泡制品的性能比较

项目	纸浆模塑制品	EPS 发泡制品	植物纤维发泡制品
环境保护	可完全回收再生利用	材料庞大,不会分解,大污染源	可完全回收再生利用
缓冲性	可有缓冲性	有很好的缓冲性	有好的缓冲性
所占比例	较大	小	较小
单价	略高于 EPS	便宜	低于纸浆模塑产品
产量	全自动机台生产	产量符合需要	目前还无法连续生产
仓储	堆置空间较小	堆置空间庞大	堆置空间较大
危险性	不具自燃性	易燃	不具自燃性
防震	较好	好	好
毒性	燃烧完全无毒	有毒	燃烧完全无毒
防潮性能	可吸除多余水分	不具吸潮性	可吸除多余水分
资源回收	100%回收再生	无法回收	100%回收再生
资源状况	可再生	很难再生	可再生
市场前景	受制约	面临淘汰	潜力巨大
原料来源	再生纸制品、纸浆	来源无法掌握,单价偏高	再生纸制品、废纸浆

植物纤维发泡制品的制作方法主要有两种:一步法成型和两步法成型。

一步法成型的工艺特点是:采用整体浇注发泡成型,其工艺流程如图2-6所示。

物料 → 混合 → 制浆 → 浇注 → 发泡成型 → 熟化 → 脱模 → 成品

图 2-6 一步法成型的工艺路线示意

两步法成型的工艺特点是：将回收的旧书报纸或其他植物经粉碎碾成纤维状，使其和淀粉按一定的比例混合，与淀粉混合制成直径 1～3mm 的粒子，混合后的纸浆粒子送入挤压机制成圆柱颗粒，在挤压过程中，原料受水蒸气作用发泡，形成颗粒型发泡纸浆，再用发泡纸浆颗粒作原料，将发泡纸浆颗粒送入专用的金属模具中，在金属模具中进行加压加热，根据需要生产制作精度和壁厚与金属模相应的、不同形状的包装制品材料（图 2-7）。

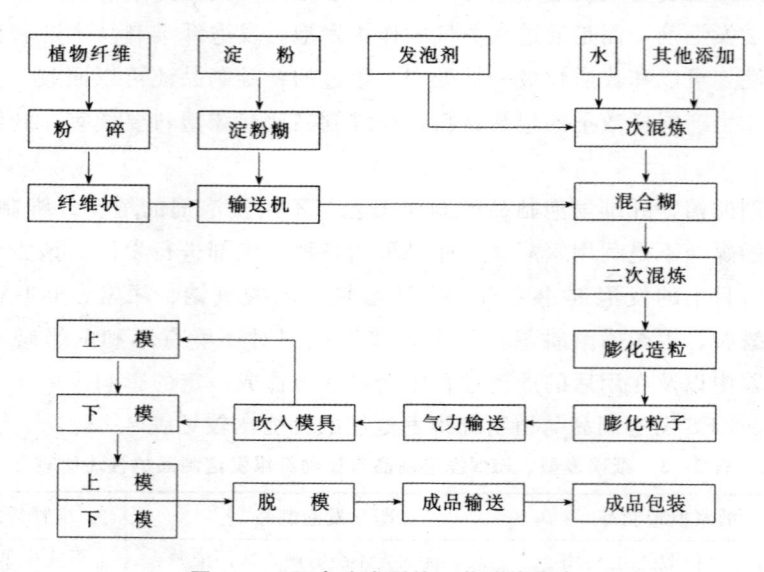

图 2-7 两步法成型的工艺路线示意

生产植物纤维发泡制品的生产线主要由下列设备组成：粉碎机、混炼机、反应釜、颗粒膨化机、气力输送机、制品成型机以及控制系统、液压系统、空气系统、动力系统、加热系统和其他辅助设备。

三、关键工艺技术的探讨

（一）发泡技术

发泡技术是植物纤维发泡缓冲材料的关键技术，根据现有的技术条件，在使用化学发泡剂及不用化学发泡剂的两种方法中，最佳的发泡方法是不采用化学发泡剂。制定发泡方案时，应考虑减小对环境的不利影响，制备工艺应简单，使用的设备应成熟可靠。对在不同工况下根据发泡技术的温度、物体密度、压力、黏度、发泡度、物料流动物性、膨化颗粒的几何形状及尺寸大小等因素计算参数，设计科学合理的工艺路线及配套技术。通过比较实验，找到成本低、缓冲效果好、制作方便、对环境不产生污染、综合性能优良的植物纤维发泡方法。不用发泡剂的植物纤维发泡制品是采用旧书废报纸或其他纤维和淀粉作原料，该发泡制品不需要化学发泡剂，而是通过水蒸气的作用。发泡纤维制品生产和使用都具有对环境有益的特性，它可以和普通垃圾一样处理，用过的纤维制品还可以回收，重新加工。

根据植物纤维发泡包装制品的缓冲性能特点，在制作体积尺寸大、质量大的产品包装衬垫时，应采用两步法成型工艺，两步法的整体工艺难度大。在制作体积尺寸小，质量小的产品包装衬垫时，应采用一步法成型工艺。用一步法制作的包装缓冲衬垫，其特点是介于纸浆模塑产品和EPS发泡塑料制品之间，其模具的结构及加工要求比两步法的模具难度大。

（二）专用模具与使用装备设计

植物纤维发泡材料具有特定的性能，该性能界于纸浆模塑材料和EPS发泡塑料材料之间，由于纤维物料发泡的工况与纸浆模塑相比，属于干法成型；与EPS发泡塑料相比，其温度明显高于前者，又可认为是湿法成型。因此，纤维物料发泡材料成型所需的模具具有自身的特点。在专用模具的设计中，应对不同衬垫制品在不同的制作及使用条件下的各种因素进行充分考虑，对各种参数中的几何结构、脱模方法、传热梯度、制品的刚度与强度、物料的流动性、制品的表面粗糙度、模具的装夹结构、材料的选用等进行研究探讨，以确定理想的参数。

生产型的装备与试验型的装置有很大的区别，生产型的装备不仅能生产出产品，而且应保证生产装备的制造成本低、造型美观、加工工艺性好、操作安全方便、运行稳定可靠、自动化程度高、使用维护简便、产品成品率高，能适应大规模、连续化、稳定生产的要求，并使用一套生产设备能够适应多种不同规格的衬垫产品的生产。采用CAD/CAM技术，以确保装备的设计和制造质量。装备应是集光、机、电、气、液一体的具有高新技术的生产设备。无论是装备的制造者还是使用者，都能够具有较强的市场竞争力。在两步法的工艺中，膨化造粒机及自动成型机是关键设备；在一步法的工艺中，膨化成型机是关键设备。在对各种方案设计的选择基础上，综合出一个优选方案作为试制的基础。

生产植物纤维发泡制品的生产线主要由下列设备组成：粉碎机、混炼机、反应釜、颗粒膨化机、气力输送机、制品成型机以及控制系统、液压系统、空气系统、动力系统、加热系统和其他辅助设备。

（三）包装衬垫性能参数的测试与验证

对植物纤维物料发泡材料制作的缓冲衬垫产品应进行各种力学参数的测试，测试不仅在实验条件下，而且应包括在实用工况下。测试所获得的参数对衬垫制品的特点、模具的结构、设备的性能、配方的选择、标准的制定等都有重大意义。对其物理性能的认定内容是：具备足够的强度、有相应的抗压能力、外力冲击和振动能量的吸收、适量的弹性恢复能力、良好的模体立体成型工艺。对其力学性能测试的内容是：抗张强度、耐破强度、表面强度、穿透强度、撕裂度、负重能力、耐折能力、抗拉能力、湿热负重能力。对其物理特征测试的内容是：色度、紧度、湿度、发泡度、透气性、阻水性、隔热性、表面粗糙度。对其专用性能测试的内容是：阻水（防潮）性能、防油（隔热）性能、防静电性能、防辐射性能等。

近年，对植物纤维发泡包装制品性能特点的研究主要集中在单件和实验方面，而对多件或实际应用的性能参数还未获得验证，因而在这方面应加大研究的力度，获得植物纤维发泡包装制品在各种实际使用状态下的性能参数，以便进行针对性的改进，提高植物纤维发泡包装制品的综合使用性能。

（四）防潮技术

植物纤维发泡缓冲材料亲水性强，易吸潮，当水分达到一定程度后，不仅影响强度，而且会发生霉变，或者使被包装的金属件生锈，因而需要进行除湿处理，可采用静态吸湿处理，其原理可按下式实现：

$$rdq/dt = k_F a_v (x - x^*)$$

式中：$k_F a_v$——总体质系数，$1/h$；

r——实体密度，kg/m^3；

q——吸附量，kg/kg；

x——水分浓度，kg/m^3；

x^*——实体内空气中水分含量；

t——时间，h。

其中，$k_F a_v$ 的值随基体内气体情况而变化，必须通过实验求出，除湿方法主要是采用材料（制品）成型时加入防潮剂，故要加强对环保型高效防潮剂的开发，以满足大件物品和运输环境多样化的要求。

（五）卫生性能

植物纤维包装材料用于食品包装和餐饮具，要重视卫生性能，发泡缓冲材料也要重视国内和国外卫生性能，以达到国家标准要求。植物纤维包装材料必须通过严格的卫生检测，使其包装经得起卫生组织的检疫。欧美国家对一些原始植物的纤维包装商品拒绝入境，其主要原因是所用的植物纤维包装材料未进行严格的卫生处理和灭菌处理。

对于植物纤维包装材料，在加工或成型前必须通过灭菌和蒸煮等处理，使其达到国际和国家的卫生性能指标。

第四节 植物纤维制品的发展动态及前景

从全世界看，对植物纤维制品的重点关注不是餐具，而是能取代 EPS 的发泡缓冲材料，这也是植物纤维制品今后的主要发展方向。

一、国外研制情况

目前，欧、美各国及日本等发达国家为寻求无污染的新型环保包装材料正在加紧进行植物纤维发泡技术的研究，期望该新型包装材料能够替代目前还在广泛使用的 EPS 发泡材料。国外植物纤维发泡制品所采用的工艺方法主要集中在不添加化学发泡剂，即无须发泡剂产生发泡，原料是通过水蒸气的作用发泡，形成颗粒型发泡纸浆。该制品工艺比采用添加化学发泡剂的工艺方法难度大，但该植物纤维发泡制品的生产和使用对环境无不利影响。目前发达国家在该项技术上已取得较显著成绩的有以下几家公司。

（1）德国不莱梅 PSP 公司采用旧书、废报纸和面粉作原料开发出发泡纸生产工艺。它的生产工序是先将回收的旧书、报纸切成碎条，再碾成纤维状纸浆，使其和面粉以 2∶1 的比例混合，混合后的纸浆在注入挤压过程中，受水蒸气作用发泡，形成发泡纸，用发泡纸颗粒作原料，可以根据需要生产不同形状的包装材料，发泡纸相对泡沫塑料而言，其生产工艺比较简单，可以一次成型，免去多次发泡和冷却的工艺。该发泡纸的发泡不需要化学添加剂，只需水蒸气，它可以和普通垃圾一样处理，用过的泡沫纸还可以回收，重新加工，它的生产和使用对环境都不会产生不利的影响。从经济效益来看，生产同样数量的包装材料，泡沫纸比泡沫塑料要便宜 10%。这种泡沫纸具有很大的应用前景，它不仅可以作为包装材料，还可以开发成绝缘材料和建筑材料。

（2）日本帝人公司开发出以纸浆作原料的新型环保型发泡材料。该发泡材料以天然纸浆为原料，加工成粒状或条状，加热后很容易塑成各种形状。材料的发泡率较高，膨胀后和传统的发泡材料保丽龙（EPS）一样轻，有相同的吸收冲击性能，完全可以作为理想的包装材料。目前这种材料的最大不足是造价较高，相当于保丽龙的 2 倍，该公司现在还未批量生产，正在设法降低成本。

（3）日本工业技术研究所开发了用废纸作原料的干式纸浆发泡法技术。这种废纸无须用水溶化。该制作包装材料的技术与以前的湿式纸浆模法相比，所制出的产品具有更好的生物分解性，不会造成二次公害。该项技术是将废纸粉碎到 5mm^2 以下，与淀粉糨糊混合制成直径 1～3mm 的粒子，将粒子吹入处于开启状态的金属模后，再关闭金属模进行加压、加热，糨糊中含有的水分在加热过程中从通气孔排出，可制作精度和壁厚与金属模相应的包装制品。在制作发泡状包装材料时，可预先将废纸和淀粉糨糊制成小粒发泡，该发泡体涂上淀粉糨糊吹入金属模，或者对小粒子加入发泡材料，在金属模内使之发泡。由于该项技术不需要大量的水，因而无须像湿式纸浆模产品需要干燥流水线和废水处理设备。

二、国内研制现状

国内也有几所院校及单位正在进行此方面技术的研究和开发，并已取得了阶段性的成果。由此可以认为，这项技术有可能走出实验室。国内开发研究的植物纤维发泡制品的工艺方法主要集中在使用添加化学发泡剂，原料是通过化学发泡剂的作用发泡，形成颗粒型发泡纸浆。使用发泡剂的工艺比不用发泡剂的工艺简单，但如发泡剂选择不当，该类植物纤维发泡的方法及制品在生产过程和使用后的处理对环境有可能造成一些不利的影响，故该项技术还有待于改进和提高，目前已有下列几家单位在该项技术的开发研究中取得了一些进展。

广东工业大学对纸浆吸浆制品的发展技术进行了研究，提出了使纸制品低温发泡（一般不超过150℃）的方法，发泡可以在模腔外进行，也可以在制品的烘干过程中进行，并对发泡纸托的性能和结构特点进行了初步研究。研究认为，制品的拉伸断裂强度因水随发泡剂混入量的增加而降低，达到某一临界值时，断裂强度开始急剧下降。在发泡度不太大时，随发泡度的增加，跌落最大高度增加，但发泡度达到某一临界值时，随发泡度的增加，跌落最大高度减小。

大连轻工业学院进行了干法纸浆模铸制备轻体包装材料技术的研究，其主要的工艺为：废纸的粉碎、淀粉糊的制备、小粒子的膨化和模铸成型等，其中淀粉的制备与小粒子的膨化是整个生产过程中的技术关键。与湿法成型的纸浆模铸包装材料相比，其干法模铸的工艺使生产过程需蒸发的水分量大大减少，极大地降低了生产过程中能量的消耗。

南通大学研究了利用天然植物纤维材料，采用了无机发泡剂，以 $NaHCO_3$、NH_4HCO_3 为主，并添加胶黏剂及其他添加剂，经发泡制成降解型泡沫包装材料的工艺技术。该技术采用的是整体浇注一步法发泡成型，对模具的要求比较高。现已对产品抗震缓冲性能、压缩强度、泡体泡孔结构、发泡倍数与密度做了初步的研究和测试。

武汉远东绿世界公司研制的双发泡植物纤维包装新材料，可用于家电生产企业，替代泡沫塑料包装。该材料是用改性淀粉和高纤维填充物为原料，在高效复合发泡剂的作用下，经低温发泡造粒、高温发泡成型技术生产而成。它具有防潮、抗震、抗压、强度好、质量小、价格低等特点。该材料降解率可达78.4%，是一种新型环保包装材料。这种材料是塑料泡沫包装材料的极佳替代产品，与塑料泡沫包装材料相比，易降解，露天放置24h后能完全消失，比国家标准规定的降解时间高出15%以上。

重庆青天环保材料公司利用植物纤维为瓷器面盆制作缓冲角垫，采用废报纸、废纸板作原料，用一步法发泡成型，用改性后VAE作防潮剂，其产品远销大洋对岸的美国，受到美商的欢迎。

近年，国内一些高校还对植物纤维模压制品作刨花板和托盘进行了研究，并取得了可喜的进展。

大连轻工业学院利用红麻制浆后废弃的麻芯具有一定的压缩性，将其作为填加物质，按一定比例与刨花混合后模压成刨花板。控制其用量，可在不影响刨花板物理性能的前提下，适当减轻板的质量，这对于减轻包装件质量、降低运输成本和节约木材资源都具有很大意义。但麻芯结构疏松多孔，与胶层的胶合力低，因此加入量过多会导致刨花板静曲强度和戳穿强度的下降。从试验数据表明，随着麻芯用量从30%增加到50%，刨花板的密度有所下降，但板强度也随之下降。在选择用胶量10%，固化时间和温度分别为25 min、145℃，热压压力为2MPa条件下，麻芯比例以不超过30%为宜。

南京林业大学利用农作物秸秆或轻质木材，通过撕裂或刨削，形成薄长条刨花（长50mm，宽10～20mm，厚0.5mm左右），经过干燥、拌胶、铺装及热压（220℃，压力为

9.8MPa）和整修制成工业托盘，其结构形状为弧形边缘，槽形梁和巧妙的、完美的加强筋设计，如图 2-8 和图 2-9 所示，其载重系数高达 80（动载荷）。

图 2-8　托盘做抗弯性能试验　　　　图 2-9　托盘做支脚抗压试验

托盘是现代物流系统的重要工具，社会使用量巨大，在美国人均 10 个托盘，日本为 6 个，在北美年产工业托盘 4 亿个，产值 90 亿美元，其中 95% 的托盘为实木制品，占整个硬木产量 40%。最近，联合国粮食与农业组织国际植物保护公约秘书处在罗马公布的国际植物检疫措施标准《国际贸易中木质包装材料管理准则》中，对实木制品的包装容器中去除或杀灭有害生物提出了具体明确的处理方法。欧美国家因天牛虫害问题，对我国的木质包装制品实行抵制。我国的外运木质包装及铺垫物的木材使用量很大，若不采用可再生利用的环保型产品将严重影响我国生态资源的可持续发展。

随着国民经济的发展，特别是我国加入 WTO，货物运输不断增加，对托盘的需求也在不断增长。目前使用的托盘 90% 为急需更新换代的实木托盘，国内每年建成数 10 座 2000~5000 个货位规模的立体化仓库，每座仓库需用托盘超过 10 万个。预计全国年消耗量可达 2 亿多个，可见我国工业托盘市场前景十分广阔。因此，植物纤维（轻质木材）模压刨花托盘取代实木托盘已成为一种必然趋势。

第三章　木质纤维缓冲包装材料

本章主要讲述木质纤维缓冲包装材料的研发，并用大量的实验分析证明，找到最佳的材料组成配方方案，证明木质纤维发泡材料力学性能的影响，并且分析了木质剩余物纤维多孔材料结构。

第一节　木质纤维缓冲包装材料的研发

泡沫塑料缓冲材料被广泛应用于家用电器、精密仪器、电子计算机、电子元器件、陶瓷和玻璃容器等的包装中。泡沫塑料废弃物不能自然降解，而且在生产过程中大量使用氯氟烃，在燃烧时产生的废气会严重破坏地球的大气臭氧层，聚苯乙烯泡沫塑料制品被淘汰和禁止使用势在必行。可自然降解的缓冲包装材料已成为国内外相关领域学者研究的热点，国外对天然植物纤维缓冲材料的制作及机理方面的研究已取得了不同程度的阶段性成果，然而目前该技术离实现工业化大规模生产还有一定距离。

本研究以木质剩余物为主要原料，研究应用改性处理的木质剩余物纤维制备多孔型发泡材料的方法，在大量实验研究的基础上，初步确定材料体系中主要的组成成分及各组分的含量范围，应用响应曲面法中的中心复合试验设计方法和Box-Behnken试验设计方法分别对材料组分和成型工艺进行优化，建立响应曲面模型并求出最优解，确定最优的材料组分配方方案，并制备木质剩余物纤维多孔型材料。该材料具备优良的缓冲和防震性能，以及良好的尺寸稳定性、防潮性、热稳定性和环境友好性等，可以作为缓冲材料用于运输包装。

第二节　材料组分单因素实验分析

所制备的木质剩余物纤维多孔型材料以木质纤维作为基本原料，为使其内部均匀分布孔洞并具备优良的缓冲特性，其组分还包括：淀粉、胶黏剂、发泡剂、发泡助剂、成核剂、增塑剂、防潮剂、润滑剂、交联剂等。

一、主要组分特性

(一) 木质剩余物纤维

木材细胞是由纤维素、半纤维素、木质素和少量抽提物组成，它们都属于高分子化合物，纤维素和半纤维素皆由碳水化合物组成，木质素则为芳香族化合物。

纤维素是不溶于水的均聚糖，它是由 D-葡萄糖基构成的线状高分子化合物，与直链淀粉互为异构体。纤维素大分子中的 D-葡萄糖基之间按照纤维素二糖连接的方式连接 (1,4-β苷键)，多羟基的结构组合形成各种各样的分子内和分子间氢键，使纤维素分子链紧密排列，呈现高度有序的结晶区，从而使木质纤维具有较高机械强度、弹性模量，相对较低的密度和良好的化学稳定性，在复合材料体系中起到骨架支撑作用。

半纤维素是指植物纤维原料中非纤维素碳水化合物一类物质的总称。半纤维素是除纤维素和果胶质以外的植物细胞壁聚糖。1962 年 Aspinall 提出：半纤维素是来源于植物的聚糖类，它含有 D-木糖基、D-甘露糖基与 D-葡萄糖基或 D-半乳糖基的主链，其他糖基可成支链连接在主链上。1964 年 Timell 提出：半纤维素是低分子量的聚糖类 (其平均聚合度近 200)，它和纤维素一起正常地产生在组织中，它们可以从原来的或从脱去木质素的物料中被水或碱水溶液抽提出来。

木质素是由苯基丙烷结构单元通过醚键和 C—C 键连接构成具有三维空间结构的芳香族高分子化合物。

本研究中所用的木质纤维主要是木质层部分的木质剩余物纤维，通过采伐或加工剩余物而成，得到的纤维截面长宽比较大，类似纤细的丝状物。木质剩余物纤维资源丰富，成本低廉，为木质剩余物开发利用提供了新的途径。原料来自吉林省白河林业局，选用落叶松、白桦、红松、马尾松和山杨 5 个树种，测量的木质剩余物原料化学组分如表 3-1 所示。

表 3-1 木质剩余物原料的化学组分 (%)

原料名称	纤维素	半纤维素	木质素	灰分	其他
落叶松	52.55	11.27	27.44	0.36	8.38
白桦	53.43	21.2	23.91	0.82	0.64
红松	53.12	10.46	27.69	0.42	8.31
马尾松	51.86	15.08	28.42	0.33	4.31
山杨	43.24	23.50	17.10	0.32	15.84

由于实验周期很长，本研究仅选用了杨木剩余物作为研究对象，在今后的研究中会进一步将其余几种树种分别用于实验原料，研究其性能。所采用的木质剩余物经过粉碎处理，使其成为具有一定长径比的木粉，木纤维平均纤维长为 1mm 左右，宽度小于 20μm，

长径比平均值为 50∶1，颗粒大小为 80 目，处理后作为原料待用，如图 3-1 所示。

图 3-1 实验用木粉

木质纤维分子内含有羟基结构，使其具有极强的亲水性，木粉易吸收水分，一般含水率高达 20%，水分会影响发泡工艺和造成泡孔分布不均，因此在实验之前必须对木粉进行干燥处理，在 100～105℃ 将木粉烘至含水率为 5%～10%，有效地去除水分和挥发性物质。

（二）淀粉

淀粉是植物中储存的一种糖类物质，主要沉积在植物的种子、块茎和根部中，遍布整个植物世界。本研究主要选用的是玉米淀粉和马铃薯淀粉。淀粉是自然界植物体内存在的一种高分子化合物，在自然界中的产量仅次于纤维素。淀粉是由葡萄糖组成的多糖类碳水化合物，化学结构式为 $(C_6H_{10}O_5)_n$。根据淀粉在热水中的溶解性可将淀粉分为直链淀粉和支链淀粉两类，直链淀粉结构中脱水葡萄糖结构单元之间主要通过 α-D-（1,4）-糖苷键连接，结构如图 3-2 所示。

图 3-2 直链淀粉结构图

支链淀粉是指在其直链部分仍是由 α-1,4-糖苷键连接的，其分支位置则是由 α-1,8-糖苷键连接，如图 3-3 所示。淀粉中直链与支链含量的比率控制着淀粉发泡的性能，有研究发现，在不同直链淀粉含量的玉米淀粉中，直链淀粉质量分数为 50% 的玉米淀粉发泡倍率最大。

图 3-3 支链淀粉结构图

(三) 胶黏剂

本研究主要采用的胶黏剂是聚乙烯醇（PVA），其分子式为 $(C_2H_4O)_n$，是一种水溶性合成黏结剂。它的黏结机理是加热时溶剂挥发，PVA 分子紧密接触，依靠分子间的吸附作用形成具有一定力学性能的膜而起到黏结作用。在此研究中采用淀粉与 PVA 组合，可以增强淀粉的黏合作用，在混料体系中纤维间在胶黏剂作用下互相连接在一起形成三维网状，发泡过程形成的气泡增大纤维间的拉伸力，胶黏剂的作用使纤维仍然能够互相紧密地连接在一起。当完成发泡过程后，纤维起到桥的作用，并连接在一起形成具有空间网状结构的多孔型材料。

胶黏剂的主要作用在于将体系中的木质剩余物纤维之间互相黏合，使其在泡孔膨胀过程中能够承受气体的膨胀压力，并最终均匀分布成稳定泡孔结构。本研究采用淀粉和聚乙烯醇这两种可天然降解的原材料，按照一定比例复配制备胶黏剂。

分别选用马铃薯淀粉和玉米淀粉，由于纯淀粉的结晶度较大、热塑性差导致成型加工困难，因此配置黏合剂前需对淀粉进行预糊化改性处理。室温下，淀粉在冷水中体积只发生轻微膨胀，其结晶部分并不发生改变，随着淀粉的重新干燥，之前被吸入其中的水分子可以再次排出，从而使淀粉颗粒回到最初始的状态。在 65℃左右，淀粉分子内的一些化学键逐渐变得很不稳定，甚至发生断裂，淀粉颗粒内结晶区域变得更为疏松，不像之前排列得紧密。此时水分子开始大量进入颗粒，使其体积发生急剧膨胀。即使将淀粉进行重新干燥，水分子也不会被排出而恢复到原来的结构。随着环境温度的继续提高，淀粉颗粒持续吸水膨胀，最后达到一定限度而产生破裂，淀粉分子开始向各个方向进行扩散伸展，溶出颗粒体外。淀粉分子之间相互连接、缠绕，形成具有网状结构的含水胶体，最终完成整个糊化过程。此时得到的淀粉有着良好的热塑性，可满足其作为基体胶黏剂原材料的使用要求。

聚乙烯醇（PVA）外观为白色粉末，易溶于水，是一种人工合成高分子化合物，在制成溶液后，对亲水性的木质纤维具有很好的黏结力。其分子结构中存在着大量的仲羟基基团，通过与淀粉分子实现共混接枝，可显著改善淀粉溶液的耐水性和黏结力。研究表明，淀粉颗粒经糊化后镶嵌在 PVA 体系内形成相容性良好的连续分布两相结构，对极性材料体系具有协同黏结作用。这使得用淀粉和 PVA 复配得到的基体胶黏剂具有更好的黏结性和延伸性，适用温度范围更广。

本研究用淀粉/PVA 基体胶黏剂的制备过程如下：配制质量分数 400% 的淀粉溶液，控制温度在 63～65℃的恒温水浴锅中进行预糊化，处理一段时间后冷却备用；配制质量分数 10% 的 PVA 溶液，采用电动搅拌器在温度控制在 95℃左右的恒温水浴锅中处理一定时间后冷却备用；按照不同的淀粉/PVA 比例，将两者混合搅拌均匀，置于密闭的锥形瓶内备用，即得到本研究所需的胶黏剂。

木质剩余物纤维多孔缓冲包装材料的性能由配方中各组分的含量决定，在制备过程中必须充分掌握每种组分的自身特性和混合后特性，确定科学合理的含量，才能保证最终得到材料的优良使用性能。

（四）发泡剂

发泡剂可以提供发泡材料形成泡孔所需要的气体，包括物理发泡剂和化学发泡剂两大类。本研究主要采用的是化学发泡剂，包括吸热型发泡剂（$NaHCO_3$、NH_4HCO_3）和放热型发泡剂（偶氮二甲酰胺 AC）两种。吸热型发泡剂在发泡的同时可冷却基体和稳定气泡结构，泡孔结构均匀且完整。而放热型发泡剂在发泡的同时散发热量，可能导致温度失控而使熔体黏度降低，出现气体产生量较大及气泡合并的现象，进而使气孔尺寸较大且结构不均匀和不稳定。

所研发的木质剩余物纤维发泡材料中存在大量木粉和木纤维，使其与通常的塑料发泡体有所区别。该材料组分特性决定其原料黏稠，流动性差，且材料具有较大刚性，在实验过程中分别尝试了用单一的 $NaHCO_3$、NH_4HCO_3 和 AC 作为发泡剂，也尝试了几种发泡剂混合使用的方法。

实验表明，在此种组分体系中单独使用 NH_4HCO_3 发泡剂时，在较低温度时便开始分解产生气体同时伴随刺鼻的氨味，此时机体强度低，胶黏剂还没有充分发挥黏结作用，无法保证完整的泡孔结构，导致泡孔塌陷。同时由于温度较低，黏稠状的物料还不具备较好的流动性，造成部分泡孔过小而使材料密度相对较大，致使缓冲性能相对较差。

单独使用 $NaHCO_3$ 作为发泡剂时，分解温度和发气量都适中，属于一种吸热型发泡剂。但是其在单独使用时发气量较小，且发泡温度较低，形成泡孔较小，使材料密度较大。

AC 发泡剂外观为一种橙黄色的结晶粉末，是商品发泡剂中最稳定的品种之一。如果单独使用 AC 作为发泡剂，其分解温度较高，虽然加入了活化剂 ZnO 降低发泡温度并使其在 150～170℃使用，但是在 100℃左右时混料中大量水蒸气挥发，使材料逐渐固化，混料中部分结构趋于稳定，当温度继续上升到 AC 发泡的温度时，较坚固的空间结构限制了气泡的发展，纤维分子间已经连接的部分在泡孔的压力下被破坏，造成塌泡和泡孔不均。因此采用两种发泡剂混合使用，混料从 80℃左右就开始陆续进行发泡，且随着温度的升高泡孔长大，发泡结束后，在 60℃时干燥材料使其稳固定型。

（五）发泡助剂

本研究中所采用的化学发泡剂偶氮二甲酰胺 AC，分子式为 $C_2H_4O_2N_4$，分子量为 116，外观为淡黄色粉末，分解温度为 180～210℃。木质剩余物纤维材料在温度较高时会产生木质纤维炭化，且其分解剧烈容易造成泡孔合并和塌泡。因此必须添加发泡助剂，通常加入活化剂，如氧化锌、硬脂酸盐、碳酸盐和磷酸盐类，调节其发泡温度，使发泡温度降至 150～170℃。研究表明，氧化锌对 AC 发泡剂的活化作用最强，在其加入量占发泡剂总量的 10%时，可以有效降低 AC 发泡剂的分解温度，同时达到最大的发气量。

同时，采用混合发泡剂中的 $NaHCO_3$ 也能起到发泡助剂的效果，发泡过程中释放气体主要为：氮气、水蒸气和二氧化碳。发泡助剂使发泡过程平稳且发泡温度降低，AC 发泡剂与发泡助剂的使用比例为1∶1～3∶1。

（六）成核剂

成核剂的加入使聚合物发泡时形成气泡核，它能降低聚合物的表面张力，促进气泡核形成。木质剩余物纤维材料为异相成核，必须添加成核剂为发泡体系提供成核作用。本研究中采用的成核剂主要包括：滑石粉、碳酸钙和柠檬酸等三种。成核剂的粒径越小，分散性越好，越有利于成核，同时成核剂本身也有发泡剂的作用，是发泡剂的重要助剂。有研究表明，以$NaHCO_3$为发泡剂时，可以添加柠檬酸作为成核剂，两者可以发生反应，生成二氧化碳气体，进而推动体系膨胀形成疏松的发泡结构。加入碳酸钙能够提高发泡材料的拉伸强度和伸长率，使材料内部的泡孔平均尺寸较小且闭孔率较高。

滑石粉是一种成核剂，分子式为$Mg_3(Si_4O_{10})(OH)_2$，在木质剩余物纤维材料中起到无机填料的作用，也起到很好的成核剂作用。它能够均匀地与木质纤维和胶黏剂混合在一起，并在反应过程中形成更多的气泡核，增加气泡数量，并能改善产品的机械性能，提高材料的刚性和尺寸稳定性。

（七）增塑剂

增塑剂是改善聚合物加工性能的助剂，它能提高熔体强度和延展性，使聚合物易于加工成型，并能改善聚合物的使用性能，增强材料的柔韧性，使其柔软而富有弹性。非极性的增塑剂可以插入高分子链之间，增大链间距，从而削弱分子间的作用力，使高聚物黏度降低。极性增塑剂使增塑剂的极性基团与高聚物中的极性基团相互作用，从而削弱高聚物分子间的作用力。

在木质剩余物纤维材料中，木质纤维以及淀粉的分子之间氢键结合紧密，结晶度较高，所制备材料刚性较大，加入一定量的增塑剂，有利于增加黏稠物料的流动性以及气泡的成长与扩散，增加气孔分布的均匀性，并减小制品密度，提高定型后材料的弹塑性。本研究选用的增塑剂主要是丙三醇，分子式为$C_3H_5(OH)_3$。

它能够在体系混合过程中渗透到淀粉颗粒间，削弱分子间的次价键，降低分子链的结晶性，提高整个材料体系的柔韧性。有研究表明，分子量较小的乙二醇、丙三醇比分子量较大的山梨醇和季戊四醇在混合过程中能更有效地渗入淀粉分子链间，通过羟基与淀粉分子结合形成相对牢固的均匀体系，进一步软化大分子，从而提高体系的柔韧性。此外，丙三醇还可以有效降低PVA的熔点，提高PA的热分解温度，通过破坏PVA分子链的规则排列抑制其结晶，进一步改善其加工性能。

（八）防潮剂

木质剩余物纤维具有很强的吸水性，同时组分中的淀粉也属于亲水性材料，并且多孔材料本身的网状结构就容易吸收水分，所以初期实验得到的材料吸水性极强，且在潮湿环境下容易发生霉变甚至质变。木质剩余物纤维作为缓冲包装材料，会使被包装物，如电子、五金、仪表等产品发生锈蚀，影响材料在海运、潮湿及阴雨天气中的使用性能，因此必须添加防潮剂以提高材料的防潮性能。有研究表明，通过加入石蜡等憎水性物质可以使防水剂分子物理吸附于纤维表面，堵塞纤维之间的空隙，使水分不易浸湿，降低毛细吸水作用，同时憎水物质部分遮盖了纤维表面的极性功能基团及负电荷，降低了纤维表面对水的吸附作用，从而得到良好的防水效果。

研究选用了乙烯—醋酸乙烯共聚物 VAE 乳液作为材料的防潮剂，改性后的 VAE 具有无毒、可降解和耐高温的优良特性。在混料中，VAE 能够与植物纤维和淀粉等均匀地混合在一起，对材料的防水性能有很大提高。此外，VAE 乳液中的乙烯成分还为其提供了良好的柔软性，VAE 乳液与纤维间良好的相容性使其很容易渗透到纤维内部分子链间，提高纤维分子链的活动能力，使材料更易加工成型。

（九）润滑剂

木质剩余物纤维材料混料呈黏稠状，为了改善其在加工成型过程中的流动性和脱模性，需加入润滑剂，从而满足其分散性的要求。内润滑剂能够减小聚合物分子链间的内聚力、减弱分子间的内摩擦，改善物料的流动性和加工性。外润滑剂依附于材料表面形成润滑分子层，在材料与加工设备之间起到润滑作用。在木质剩余物纤维材料中加入润滑剂还起到影响材料表面光泽性和发泡气体的混合与分布，从而优化泡孔结构。本研究采用的润滑剂为硬脂酸。

（十）交联剂

交联剂能够使线型或支链型聚合物分子间产生交联以转变成网型或体型分子结构，从而改变聚合物的物理机械性能和聚合物熔体的流变性能。交联剂的作用原理是使聚合物产生自由基，然后相互交联呈体型结构。

本研究采用的是添加交联剂法，选用的交联剂为四硼酸钠，俗称硼砂。硼砂在热水中发生水解作用，其产物 H_3BO_3 可以和 PVA 分子链上的羟基作用并形成 PVA 的含硼配合物，增加 PA 分子的黏结性，从而增强其成膜性，使 PVA 与木质纤维更好地发生交联，形成空间网状结构，混料时加入一定量的硼砂可以使材料的外观更加光滑，成型效果良好。

二、制备工艺的确定

材料的制备工艺是整个研究的核心内容，对原材料的选择、配方的确定和性能都有重要的影响。从国内外的研究现状可以看出，目前应用于植物纤维类缓冲材料的制备工艺主要有挤出成型、热压成型和烘焙成型等工艺。不同成型所需的设备和工艺，以及制备材料的形态和性能都不尽相同。

（一）挤出成型工艺

挤出成型工艺采用挤出机完成，一般需要在物料组分中加入高分子树脂原料或对组分中的淀粉进行热塑性的改性。挤出成型工艺流程如图 3-4 所示。

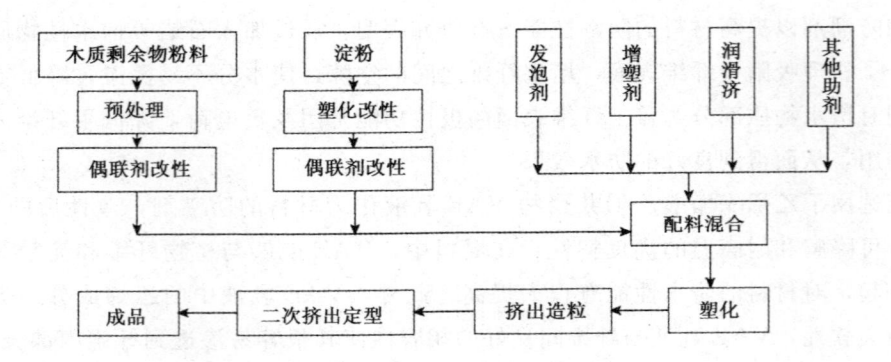

```
木质剩余物粉料 → 预处理 → 偶联剂改性
淀粉 → 塑化改性 → 偶联剂改性
发泡剂、增塑剂、润滑济、其他助剂
→ 配料混合 → 塑化 → 挤出造粒 → 二次挤出定型 → 成品
```

图 3-4 挤出成型工艺流程

由于挤出成型的物料多样，为了使物料能够均匀混合塑化，一般都需要经过双螺杆挤出机挤出造粒后再由单螺杆挤出机发泡成型。在图3-4中，木质剩余物粉料应先进行NaOH浸泡以去除部分木塑和胶质，然后用偶联剂改性处理，淀粉进行塑化改性后还需要偶联剂改性，使其能够与木粉很好地结合在一起，加入其他辅助原料后在双螺杆挤出机内实现均匀混料并塑化，然后经挤出机头造粒，将造粒得到的物料经单螺杆挤出机再次加热发泡后挤出成型，得到需要的发泡制品。

将单螺杆挤出机与双螺杆挤出机串联式配合，能够实现挤出发泡成型连续化生产，生产效率较高，根据挤出机模口形状的不同可以制得条状或片状的材料。在挤出成型过程中的压力、剪切力、温度是影响材料质量的三个重要因素。当螺杆转速和加料速率较高时，淀粉的凝胶化程度较低，剪切应力逐渐升高，物料混合也更加均匀。当螺杆转速和加料速率较低时，物料熔体的黏度很高，分子量降低，气体不易扩散，发泡倍率较低及气泡分布不均匀。但是螺杆转速过高，剪切应力太大会使熔体包裹气体时发生困难，容易造成泡孔合并和塌泡。

研究表明，挤出温度从110℃升到140℃，物料挤出发泡倍率从1.25提高到1.87，然后随温度进一步升高至160℃后发泡倍率降低到1.28。挤出温度太低，发泡剂分解不够充分，产生气体太少，随着温度的升高发泡倍率增大，但当温度高于某个数值时，淀粉可能发生降解，使淀粉相对分子量降低，发泡倍率随着温度的升高而降低，并且当温度超过190℃时木纤维发生炭化甚至黏附在螺杆上导致难以清理。因此，在挤出成型过程中合理设定各个阶段的温度区间是十分必要的。

（二）热压成型工艺

热压成型工艺是在密闭的模具空间内对预成型的糊状体进行加热加压，在这个过程中发泡剂分解产生气体，通过气泡膨胀产生的压力推动物料充满整个型腔，最终得到缓冲材料制品。热压成型工艺流程如图3-5所示，此工艺适合尺寸较小的试样成型，实验所用的热压机模具尺寸为20cm×20cm，采用整体浇注法，将木质剩余物粉料与经过蒸煮处理的木质剩余物纤维，以及配置好的淀粉黏合剂、发泡剂、增塑剂及其他助剂等一起，用搅拌机混合均匀，而后置于热压模具内，使其在一定压力下膨胀成型，压力的存在保证了材料内部泡孔的均匀性，冷却后脱模修正，完成试样制备。

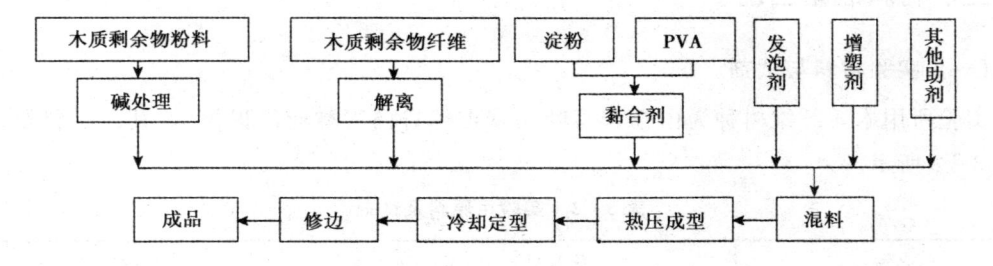

```
木质剩余物粉料        木质剩余物纤维      淀粉    PVA     发泡剂  增塑剂  其他助剂
      ↓                    ↓            ↓      ↓
    碱处理                  解离           黏合剂
      ↓                    ↓             ↓      ↓      ↓      ↓
  成品 ← 修边 ← 冷却定型 ← 热压成型 ← 混料
```

图 3-5　热压成型工艺流程

本实验研究采用的是小型机械传动型热压机，设置时间继电器和温度控制器，利用电热板加热，上下成型模产生模具型腔内的压力，在高温下使物料发泡成型。热压成型的材料表层具有较高的密度，而内部常常具有较高的孔隙率。热压成型时，利用型腔的压力和密封进行高温发泡，发泡剂释放气体使材料内部形成蜂窝状结构，木纤维在其中形成均匀分布的网络，降低材料脆性，提高韧性和抗冲击强度。

（三）烘焙成型工艺

烘焙成型工艺与热压成型工艺在材料的组分配方上基本一样，如图 3-6 所示，但是成型设备和成型工艺完全不同，热压成型采用热压机使物料在压力下受热发泡成型，而烘焙发泡采用烘箱，是一种混合物料在烘焙模具中加热发泡成型的方法。在烘焙成型中，淀粉和木质纤维能够很好地黏结在一起，当温度降低时，淀粉变得较脆，木质纤维能起到"桥"的作用，链接断裂面；当温度较高时，淀粉变软，而木质纤维可以使制品强度增大。但如果木质纤维含量过高，烘焙时间增长，将使物料黏度过高而难于发泡膨胀。

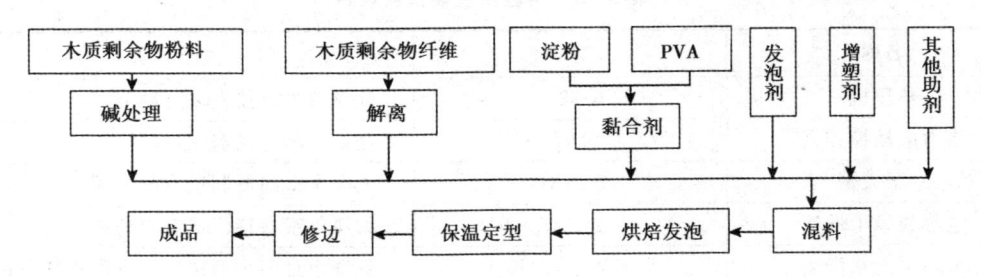

```
木质剩余物粉料        木质剩余物纤维      淀粉    PVA     发泡剂  增塑剂  其他助剂
      ↓                    ↓            ↓      ↓
    碱处理                  解离           黏合剂
      ↓                    ↓             ↓      ↓      ↓      ↓
  成品 ← 修边 ← 保温定型 ← 烘焙发泡 ← 混料
```

图 3-6　烘焙成型工艺流程

在本实验研究中，对于以上三种常用的成型工艺都进行了尝试，挤出成型工艺由于模口形状和尺寸的限制，不适宜于本研究中缓冲包装材料的制备，因此实验过程中主要采用了热压成型工艺和烘焙成型工艺。正如前面所述，热压成型工艺制得的试样表面层密度较高，材料内部空隙率较高，但材料尺寸依据模具形状而易于控制，且实验过程便于控制。烘焙成型工艺制备的试样内部泡孔分布较均匀，但试样形状难于控制且表面平整度不理想。

三、材料制备工艺

(一) 实验材料与试剂

实验所用木质纤维树种为山杨和落叶松（吉林省白河林业局提供），其他材料及试剂如表3-2所示。

表3-2 实验用原料及试剂

名称	化学式	生产厂家
玉米淀粉	$[C_6H_{10}O_5]_n$	黑龙江嵩天薯业有限公司
聚乙烯醇（PVA）	$[C_2H_4O]_n$	山西三维集团股份有限公司
碳酸氢钠	$NaHCO_3$	天津市鑫铂特化工有限公司
偶氮二甲酰胺（AC）	$NH_2CON=NCONH_2$	天津市鑫铂特化工有限公司
滑石粉	$Mg_3(Si_4O_{10})(OH)_2$	天津市瑞金特化工有限公司
碳酸钙	$CaCO_3$	天津市瑞金特化工有限公司
硼砂	$Na_2B_4O_7 \cdot 10H_2O$	天津市瑞金特化工有限公司
硬脂酸	$CH_3(CH_2)_{16}COOH$	天津市凯通化工有限公司
丙三醇	$C_3H_5(OH)_3$	天津富宇精细化工有限公司
无水乙醇	CH_3CH_2OH	天津星月化工有限公司

(二) 主要仪器设备

实验所使用的主要仪器设备如表3-3所示。

表3-3 实验用主要仪器设备

名称	型号	生产厂家
热压机	R-3211	武汉启恩科技发展有限公司
增力电动搅拌器	JJ-1	金坛市精达仪器制造厂
电子天平	SCS-10	上海永富衡器制造有限公司
电热鼓风干燥箱	101-3A	天津市泰斯特仪器有限公司
电热恒温水浴锅	HW-SY21K	长春市月明小型试验机有限责任公司
电脑测控压缩试验机	YDN-15	长春市月明小型试验机有限责任公司
电子万能试验机	CMT6104	深圳市新三思计量技术有限公司
打浆机	ZQS2	兴平市西街造纸厂
数码显微镜	7X-90X	深圳市塞克数码科技开发有限公司

(三) 制备工艺流程

将木质剩余物处理成具有一定长径比的木质纤维，过80目筛，干燥至水分含量10%备用。另将部分木质剩余物经过蒸煮、磨浆和打浆处理改性，打浆可以使木质纤维末端"帚化"，从而暴露更多的活性羟基基团，使其具备更优良的物理吸附和化学胶结特性。利用 NaOH 溶液对制备的具有一定长径比的木质纤维做碱浸泡处理，而后清洗至中性干燥备用。在恒温水浴温度为 65℃的条件下，预糊化淀粉备用。配置 PVA 溶液，在恒温水浴 95℃的条件下，按质量分数为 10%配置 PVA 胶黏剂，冷却备用。配置硼砂溶液，冷却备用。按配方比例称取木质纤维、发泡剂、胶黏剂及各种助剂后混合均匀，混合的均匀性直接影响体系内泡孔的尺寸和均匀性。将混合均匀的物料装入模具，置于热压成型机上下压板之间，分不同温度阶段进行加压加热成型试样，温度为 140~160℃时达到 AC 发泡温度并保压 15min，而后缓慢解压，冷却定型并进行脱模处理制成试样。

四、主要组分对材料性能的影响

为了制备性能优良的木质剩余物纤维发泡缓冲包装材料，本研究前期通过大量的实验，分析每一种组分对材料性能的影响，并由此确定不同组分的影响程度，初步确定配方中各组分的含量，进而通过响应曲面法对材料配方进行优化，制订实验方案，并分析确定最优的材料配方及工艺参数。

(一) 木质剩余物纤维的影响

1. 木粉表面改性的影响

木质纤维分子内的羟基结构容易形成分子内和分子间氢键，大量实验证明，直接将木质剩余物粉料与胶黏剂等混合，两者相容性较差，界面结合性不好。

如图 3-7 所示，曲线中横坐标为应变 ε，纵坐标为应力 σ。在 NaOH 浸泡时间与材料特性的 $\sigma-\varepsilon$ 曲线中，每条 $\sigma-\varepsilon$ 曲线的变化趋势都一致，但其力学性能不同。当浸泡时间为 5h 时，浸泡时间较短，并没有有效去除部分木质纤维中的木质素、灰分、果胶、肽聚糖等杂质，对提高木质纤维与胶黏剂的表面相容性改善不明显，因此纤维之间结合强度不高，泡孔壁较薄，当受到外力时泡孔壁的承受能力低，使材料在较小应力下发生较大变形；当浸泡时间增加到 24h 时，NaOH 溶液使纤维素分子中的羟基更好地表露出来，使木质剩余物粉料中的木质纤维发生溶胀且长径比变大，可以与胶黏剂更好地结合，材料韧性增加且拉伸强度增加，同时，NaOH 溶液破坏了纤维间的氢键，使纤维柔韧性变好，从而加大了纤维本身的伸缩变形能力，这时泡孔壁的强度增加，承压能力增强。但当浸泡时间达到 36h 时，则因为浸泡时间过长而大量去除了木质纤维中的半纤维素和木质素，而使纤维间链接的强度减弱，致使成型后材料强度下降。大量前期实验发现，利用 5%的 NaOH 溶液，对木粉浸泡 24h 后漂洗至中性，干燥待用，能够使木粉具有更好的结合强度。

2. 木质纤维改性

研究发现，在材料组分中，单独加入木粉的试样在含水率为 20%时具有较好的缓冲性能，但自然干燥 1 个月左右含水率低于 7%时，材料出现变硬、干裂现象，并失去缓冲性能。为解决材料存在的这一缺陷，考虑将木质剩余物进一步改性，将剩余物木粉经过蒸煮磨浆后，利用打浆机打浆度 30°SR 左右，由此去除木粉中大量的木质素、半纤维素及胶质

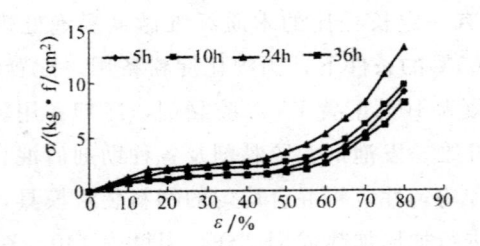

图3-7 不同NaOH浸泡时间下材料的σ—ε曲线

$1kgf/cm^2 \approx 98.1kPa$

成分,并通过打浆帚化使纤维末端的羟基更好地舒展表露出来,在制造发泡材料时纤维与纤维之间更容易搭接结合在一起,形成空间的网状结构。经过如此改性处理后的木质纤维作为材料组分,制得的试样改善了水分挥发后材料的干裂现象,其σ—ε曲线与仅用木粉的试样的σ—ε曲线对比如图3-8所示。

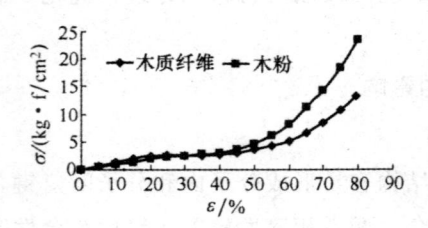

图3-8 不同木质纤维改性时材料的σ—ε曲线

由图3-8可见,仅使用改性木粉的试样在较小的变形时也具有较好的缓冲性能,但随着变形量的增大,木粉之间的链接很快断裂,木粉被压溃并失去了缓冲柔韧性,材料内部应力迅速上升,失去了保护被包装产品的缓冲效果;而经过蒸煮打浆处理的木质纤维中去除了木粉中大量的木质素、果胶和灰分等物质后,大量的羟基互相连接在一起,使材料形成了空间的网状多孔结构,也使材料具有更好的柔韧性和缓冲性能,因此,在配方中加入一定量的改性木质纤维能够更好地改善材料的缓冲性能。

3. 木质纤维添加量的影响

大量实验发现,木粉和木质纤维总量占总质量分数的50%～60%是比较适合的,填充量越高,越不容易发泡。当木粉和木质纤维总量超过60%时,发泡泡孔变小,材料密度增大且刚性增加,缓冲性能降低,此时大量的木质纤维占据了发泡的空间,使发泡过程受到阻碍。木粉和木质纤维占不同质量分数时材料的成型效果如表3-4所示。在本研究中采用的木粉和木质纤维混合使用,在下文中统称为木质纤维。

表3-4 木质剩余物纤维含量对试样影响

编号	木粉、木质纤维/g	木粉:木质纤维	试样成型效果
M-1	25	1:2	严重分层,内部并泡塌陷,表面略硬
M-2	35	1:2	轻微分层,发泡分布较均,弹性较好
M-3	45	1:2	材料内部纤维聚集缠绕,泡孔密集,刚性较大

由表3-4可以看出，木质纤维含量较低时，材料成型性较差，材料内部容易出现中空且表面容易塌陷，泡孔较大且力学强度较差；随着木质纤维含量的增加，对材料强度起到增强作用，发泡泡孔趋于均匀，且材料强度增加；但木质纤维含量超过一定比例后，材料刚性过大，缓冲效果降低，大量的木质纤维阻碍了发泡过程中气泡的扩散，反而使材料成型效果降低。因此，本研究确定，木质纤维质量在30～40g，在后期优化设计中将进一步确定最优的含量比例。

（二）胶黏剂的影响

1. 胶黏剂配比的确定

本研究以淀粉和聚乙烯醇（PVA）的混合复配作为胶黏剂，单独使用淀粉胶黏剂胶合强度较差，很难与发泡剂作用形成稳定的泡孔结构，但在淀粉胶黏剂中加入一定量的PVA溶液后，PVA起到交联引发剂的作用，能保证较好的黏合效果。

胶黏剂在此发泡材料体系中可增强纤维之间的链接，使其具有一定的链接强度，能够承受气泡膨胀时对纤维施加的拉伸力。不添加胶黏剂试样也可以成型，但材料内部泡孔均匀性较差且材料刚性差，受到压力时容易压溃；若胶黏剂添加量过大时，胶黏剂所占比例增加，将增大混料的黏度，发泡过程中使气泡膨胀受到阻碍，降低发泡倍率，虽然材料刚性增加，但柔韧性降低，失去缓冲性能。胶黏剂中淀粉与PVA不同的混合比例产生不同的黏合效果，研究过程中以淀粉与PVA的比例分别为1∶0、3∶2、0∶1和2∶3进行实验，测得试样的σ—ε特性曲线如图3-9所示。

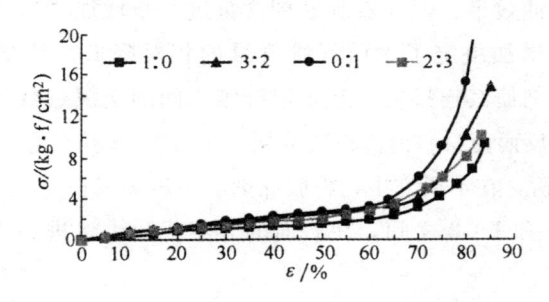

图3-9 不同胶黏剂配比（淀粉∶PVA）时试样的σ—ε曲线

从图3-9中可以看出，在胶黏剂复配比例中，如果不添加PVA，完全采用淀粉作为胶黏剂，制得的材料的压缩性能较好，随着压力的增加会产生较大变形，吸收压力产生的能量。但材料强度较差，且实验发现仅采用淀粉作为胶黏剂，黏合力较差，材料易断裂，放置一段时间后由于水分的挥发使淀粉变质产生断链，材料表面干裂且失去弹性。添加一定量的PVA后，可以提升胶黏剂的黏合能力且减少淀粉用量，淀粉与PVA的比例为3∶2和2∶3时，材料仍具有较好的弹塑性，但随着PVA含量的增加，黏合剂的强度增大，材料内泡孔更加致密，且材料刚性逐渐增加，材料应变达到70%左右，PVA含量高的材料首先被压溃，材料失去缓冲性能。如果不添加淀粉胶黏剂，仅采用PVA作为胶黏剂，则由于胶黏剂黏合力较大，致使得到的发泡材料泡孔致密，材料刚性较大且缓冲性能较低。在压缩试验中可以看出，材料在压力作用下产生的变形较小，且当应变达到60%左右时材料即被压溃，失去缓冲性能。

2. 胶黏剂含量的确定

混合组分中胶黏剂能够将木质纤维黏合到一起，在体系中起到稳定泡孔结构的重要作用。但胶黏剂的用量也必须控制在一定的范围内，才能得到性能优良的发泡材料，通过大量的实验检验，表3-5中列出了几种典型的胶黏剂含量对材料成型效果的影响，在此简要说明。

表3-5 胶黏剂含量对材料成型效果的影响

编号	胶黏剂所占总比例/%	淀粉：PVA	试样成型效果
J-1	10	2:3	材料表面粗糙，内部分层严重，中空塌陷
J-2	20	3:2	无明显分层，泡孔较为均匀，弹性较好
J-3	30	1:2	泡孔较为均匀，弹性较好
J-4	40	1:1	表面轻微分层，泡孔不均，有一定弹性

由表3-5可以看出，在胶黏剂含量为10%时，即使增加PVA所占的比例，但由于胶黏剂含量过低，导致所制备的试样成型性较差，材料内部出现中空和泡孔合并等现象，材料的内部缺陷致使表面平整度较差。当胶黏剂含量为20%~30%时，随着胶黏剂含量的增加，纤维之间黏合强度增加，使纤维之间能够形成较稳定的网状泡孔结构，泡孔分布较均匀，材料达到较好的缓冲效果。但随着胶黏剂含量进一步增加，达到40%时，对于相同密度的制品胶黏剂含量的增加决定了木质纤维含量的相对降低，纤维与纤维之间的距离增大，即使有较多的胶黏剂使其连接在一起，但纤维之间的交织点减少，也使胶黏剂不能更好地发挥其黏合作用，反而使材料内部造成分层，泡孔分布不均匀，材料的压缩性能下降，易于压溃。综合以上分析，在本研究中，将胶黏剂的用量确定在20%~30%，且淀粉：PVA复配的比例选定为3:2和1:2之间，在后面的方案优化中将进一步对胶黏剂的用量进行优化。

（三）发泡剂的影响

1. 发泡剂含量对材料性能的影响

发泡剂的选用类型在前文中已经论述，确定本研究采用无机发泡剂$NaHCO_3$与有机发泡剂AC复配使用，这样可以满足在较大的温度范围内始终有气体释放，并采用ZnO作为AC发泡剂的助剂，降低发泡温度，提高气泡成核率。$NaHCO_3$分解发泡温度约80~110℃，释放CO_2和水蒸气，当温度上升到100℃时，水蒸气也起到发泡剂的作用，温度继续上升到150℃左右，AC发泡剂分解释放大量N_2、CO和CO_2气体，使材料充分膨胀发泡，完成发泡过程。实验过程中，发泡剂的用量直接影响制备试样的密度，实验过程中采用热压工艺发泡成型，模具内尺寸为15cm×15cm×1.5cm，同时采用$NaHCO_3$和AC两种发泡剂，实验发现$NaHCO_3$发气量较少且分解速度较快，AC发泡剂在发泡过程中起主要作用，因此，确定 NHCO₃ 发泡剂的用量为 2g，通过改变 AC 发泡剂的用量，观察试样成型密度如表 3-6 所示。

表 3-6 发泡剂含量与试样成型密度

AC/g	0	2	3	4	5
试样密度/（g/cm³）	0.489	0.407	0.345	0.322	0.292

发泡剂含量不同时试样的 σ—ε 曲线如图 3-10 所示；发泡剂含量不同时试样的缓冲系数 C—σ 曲线如图 3-11 所示。在保持试样体积恒定的条件下，随着发泡剂含量的增加，材料密度降低，当 AC 发泡剂的含量由 2g 增加到 5g 时，成型试样的密度下降了 28.26%，说明材料发泡倍率增大，泡孔体积比例增加。由 σ—ε 曲线可以看出，随着 AC 发泡剂数量的增加，材料的缓冲性能增强，在相同的压力作用时，材料变形量随着发泡剂的增加而增大。由缓冲系数 C—σ 曲线可以看出，添加发泡剂后木质剩余物纤维发泡材料具有优良的缓冲性能，当 NaHCO₃ 2g 加 AC 发泡剂 2g 时，缓冲系数 C 的最小值为 6.88；当 NaHCO₃ 2g 加 AC 发泡剂 3g 时，缓冲系数 C 的最小值为 6.73；当 NaHCO₃ 2g 加 AC 发泡剂 4g 时，缓冲系数 C 的最小值为 6.49；当 NaHCO₃ 2g 加 AC 发泡剂 5g 时，缓冲系数 C 的最小值为 5.93。可见，随着 AC 发泡剂含量的增加，材料的缓冲系数最小值降低，说明材料缓冲效率提高，在压力实验过程中能够吸收更多的能量，从而发挥保护产品的效果。

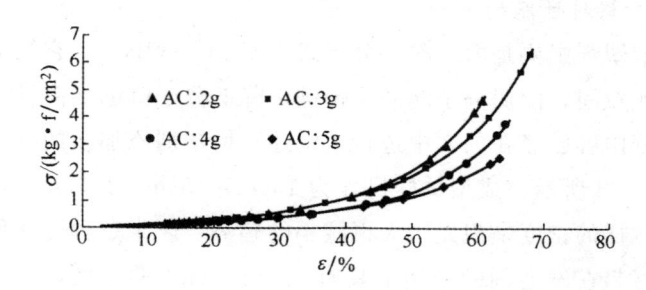

图 3-10 不同发泡剂含量时试样的 σ—ε 曲线

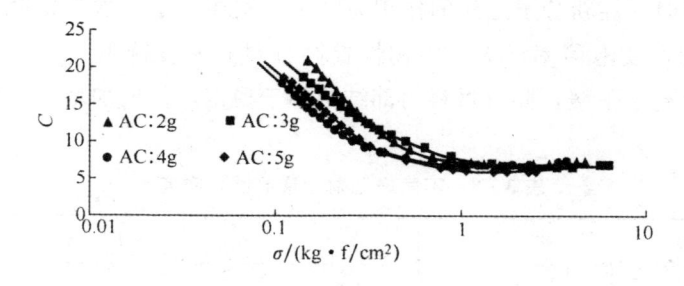

图 3-11 不同发泡剂含量时试样的 C—σ 曲线

2. 发泡剂含量对材料成型品质的影响

发泡剂的用量决定了发气量的多少，进而决定了材料的内部泡孔的分布与结构。在发泡剂含量不同的条件下，材料成型效果情况如表 3-7 所示。

表 3-7 不同发泡剂含量时材料成型效果

编号	NaHCO$_3$/g	AC 发泡剂/g	试样成型效果
F-1	2	0	材料密度较高,内部泡孔致密,弹性较差
F-2	2	2	材料内部泡孔很少,弹性一般
F-3	2	5	材料密度较低,内部泡孔均匀,缓冲性能较好
F-4	2	10	表面部分塌陷,内部泡孔合并破裂,密度较低

由表 3-7 可以看出,当发泡剂含量较低时,分解气体量少,因此气泡膨胀动力小,导致泡孔不易膨胀,气泡直径小且发泡不均;产气量随着发泡剂含量的增加而增加,气泡膨胀动力增加,泡孔直径增大;当发泡剂含量过多时,形成的气泡较大,造成气泡的合并甚至形成连通的孔道,使结构蓬松甚至整个体系塌陷。所制备的发泡材料密度下降,虽然具有一定缓冲性能,但由于泡孔塌陷导致材料力学强度受到严重影响,失去材料基本的强度,不能起到缓冲保护的作用。本研究采用 NaHCO$_3$ 与 AC 两种发泡剂复配使用,NaHCO$_3$ 用量在 2g 左右,AC 用量为 3~5g,此时材料网状结构的节点具有较大的刚性,同时分解、释放气体的量能够满足泡孔分布的需要,使材料表现出优良的缓冲性能。

(四) 增塑剂的影响

1. 增塑剂含量对材料性能的影响

本研究选用的增塑剂主要是丙三醇,分子式为 C$_3$H$_5$(OH)$_3$。它能够在物料体系混合过程中渗透到淀粉颗粒间,削弱分子间的次价键,降低分子链的结晶性,提高整个材料体系的柔韧性,这部分内容已经在前文中进行了论述。增塑剂添加量的变化对材料的密度影响比较显著,如表 3-8 所示,成型试样尺寸为 15cm×15cm×1.5cm,可以看出随着丙三醇添加量的增加,试样的密度呈现先增大再减小的趋势。产生这种变化的原因在于,当没有添加丙三醇时,材料在发泡剂的作用下具有 0.358g/cm^3 的密度;当加入 10mL 丙三醇时,材料的柔韧性增加,只是由于材料整体质量增大,密度并没有下降反而略有上升;当加入 20mL 丙三醇时,淀粉分子之间的作用力减小,基质分子间次价键降低,材料内部气泡分布均匀性增加,发泡倍率增大,柔韧性提高且材料密度降低;当加入 30mL 丙三醇时,材料密度变化趋于平缓,此时材料内部结构趋于稳定,仅增加增塑剂对材料密度没有明显的影响。

表 3-8 不同增塑剂含量的试样密度

丙三醇量/mL	0	10	20	30
试样密度/(g/cm^3)	0.358	0.405	0.320	0.314

添加不同数量的丙三醇后,试样的 σ—ε 曲线及 C—σ 曲线如图 3-12 和图 3-13 所示。从图中的曲线分布情况可以清楚看出,当不添加丙三醇时,材料虽然具有缓冲性能,但性能较低。从 C—σ 曲线中可以看出,相同保护条件下,未添加增塑剂的材料位于添加增塑

剂材料的左侧，说明此材料缓冲效率较低，需要更多体积的材料才能达到吸收相同外界激励能量的目的。当丙三醇添加到 10mL 和 20mL 时，材料的压缩性能在 σ—ε 曲线中看似有所下降，其实已经满足缓冲性能的要求，且添加 20mL 丙三醇的材料试样压缩性能更加优良。在 C—σ 曲线中可以清楚地看到，添加 10mL 和 20mL 丙三醇的材料曲线位于右侧，说明在需要达到相同保护要求时，这两种材料所需的材料体积更少，缓冲效率更高，保护性能更强。当丙三醇添加到 30mL 时，材料的性能并没有像所预期的那样继续提升，而是产生一定的下降，这主要是由于过多量的增塑剂使材料的成型受到影响，材料内部发生泡孔合并和塌泡现象，致使材料丧失了优良的缓冲能力。

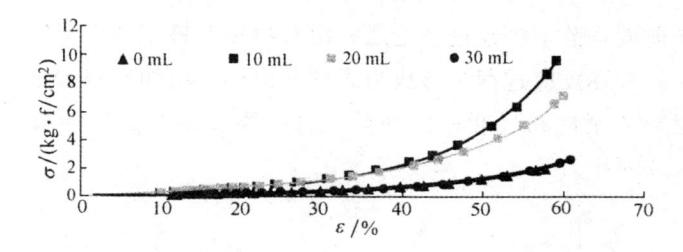

图 3 - 12 不同增塑剂含量时试样的 σ—ε 曲线

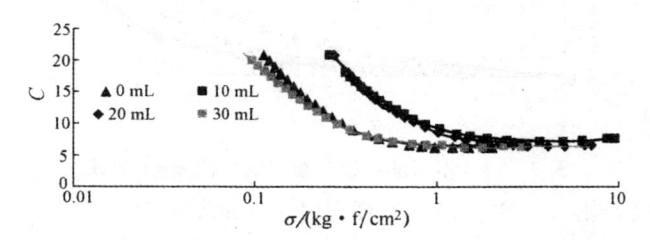

图 3 - 13 不同增塑剂含量时试样的 C—σ 曲线

2. 增塑剂含量对成型效果影响

增塑剂的添加可降低淀粉分子间的作用力，有效改善材料的柔韧性和弹性，添加不同数量的丙三醇，材料成型情况如表 3 - 9 所示。

表 3 - 9 不同含量增塑剂对材料成型效果的影响

编号	丙三醇量/mL	试样成型效果
z-1	0	表面粗糙，边缘翘曲变形，弹性较差
z-2	10	内部泡孔分布均匀，弹性较好
z-3	20	表面平整，泡孔分布均匀，缓冲性和回弹性好
z-4	30	表面部分塌陷，内部出现分层，抗压能力差

由表 3 - 9 可见，未加入丙三醇时，材料内部淀粉分子间连接力较大，气泡膨胀阻力较大，成型的材料表面粗糙，且弹性较差。当加入 10mL 和 20mL 丙三醇时，由于丙三醇具有和淀粉/PVA 胶黏剂结构相似的羟基，其与胶黏剂有良好的相容性，使物料混合更均匀且发泡气体更易于均匀分布在材料内部，材料表面平整且柔软性增加，材料具备优良的

缓冲性能。当加入 30mL 丙三醇时，体系内部分子间的作用力过小，致使物料黏度下降，泡孔增长速度过快，导致泡孔合并甚至塌泡。因此，材料内部出现分层且表面平整度不好，材料因此丧失良好的刚性，容易被压溃，使缓冲性能下降。

综合以上的分析，确定本实验研究使用的丙三醇含量为 10～20mL，在优化设计中会进一步分析丙三醇的最优含量。

（五）填料的影响

1. 填料对材料性能的影响

通过前期实验，确定本研究采用的无机填料为滑石粉，它在混料体系中起到了成核剂的作用，这一点在前面章节中已经进行论述。滑石粉在混料体系中能够均匀与木质纤维和胶黏剂混合在一起，并在反应过程中形成更多的气泡核，增加气泡数量，并能改善产品的机械性能，提高材料的刚性和尺寸稳定性。混料中添加不同数量的滑石粉，得到材料的 $\sigma—\varepsilon$ 曲线如图 3-14 所示。

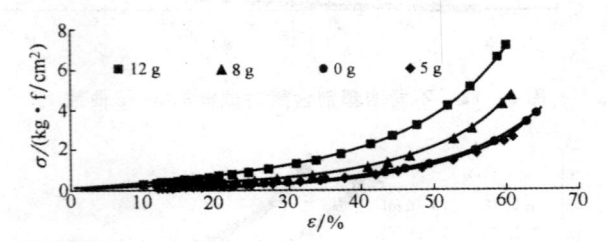

图 3-14　不同滑石粉含量时试样的 $\sigma—\varepsilon$ 曲线

由图 3-14 可以看出，本实验成型试样尺寸为 15cm×15cm×1.5cm，在没有添加滑石粉时，材料的压缩性能比较好，但材料刚度较差，容易被压溃。添加 5～8g 的滑石粉后，可以减少混料中木质剩余物纤维和胶黏剂的用量，同时由于滑石粉还起到成核剂的作用，使物料中气泡的成核点增加，泡孔分布更均匀，材料抗压强度提高，同时具备较优良的缓冲性能。当滑石粉的添加量为 12g 时，材料压缩变形性降低，说明材料的刚性增加较多，导致缓冲性能下降，此时虽然材料有较好的力学强度，但脆性增加，且在振动过程中保护产品的能力下降，不适合作为缓冲材料使用。

2. 填料对成型效果的影响

滑石粉作为填料和成核剂对材料的成型同样起到重要的作用，添加不同数量的滑石粉，制成试样的成型效果如表 3-10 所示。

表 3-10　添加不同数量滑石粉的成型效果

编号	滑石粉/g	试样成型效果
T-1	0	内部泡孔分布不均，抗压强度较差
T-2	5	内部泡孔分布均匀，弹性较好
T-3	8	内部泡孔分布均匀，弹性较好，抗压强度较好
T-4	12	密度增加，表面硬度增加，弹性较差

从表 3-10 中的成型效果可以看出，滑石粉的加入在体系中起到了成核剂的作用，使材料内部产生更多的气泡核并使气泡分布均匀，添加 5g 的滑石粉比不添加滑石粉的试样成型效果提高，材料的缓冲性能和抗压性能都有所提升，但当添加 12g 滑石粉时，由于填料在材料组分中所占比例过大，导致材料密度增大，并且过量的填料使材料脆性增加，缓冲性能下降，材料表面的成型效果也下降，此时成核剂过量已经超过了气孔分布所需成型效果，反而影响材料的成型质量和降低材料的缓冲性能。经过对比实验，最终确定滑石粉的添加量为 5~8g，在后期的优化设计中会对使用量进一步优化。

（六）交联剂的影响

本研究采用的交联剂为四硼酸钠，即硼砂，它可以使 PVA 与木质纤维更好地发生交联形成空间网状结构，增加纤维之间的链接强度，使材料能够发泡成型，并且使材料的外观更为光滑。如果不添加硼砂，材料成型性较差，且成型后试样结合强度差，表面平整度不好，不易于成型。但如果添加过多的硼砂，导致材料在混料过程中因交联反应而产生较大的强度，致使混料不均且发泡困难。因此，由大量实验确定：硼砂采取混料后进行喷涂的方式，边喷涂，边揉搓，使交联剂与物料混合均匀，硼砂的喷涂量约为 5mL。

五、主要组分对泡孔形貌的影响

木质纤维发泡材料的泡孔结构及其参数是影响其力学性能的关键因素，而材料组分对泡孔形貌有较大影响。本部分从木质纤维组分及含量、加水量以及添加的助剂含量等方面，探讨各因素对木质纤维发泡材料泡孔形貌和孔隙率的影响。

（一）木粉粒径

木粉与纤维相比颗粒较大，有一定的硬度，能在复合材料中起到骨架作用。碱处理可以破坏木质素的结构，使木粉韧性增加，同时也使木粉表面变得粗糙，增大与胶黏剂的接触面积。表 3-11 中给出了三种不同粒径木粉的结构参数。图 3-15 为不同结构参数的木粉制备的发泡材料截面泡孔形态。图 3-16 为三种不同粒径的木粉制备的发泡材料密度和孔隙率的测量结果。

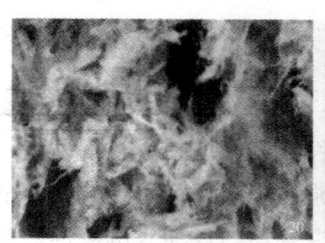

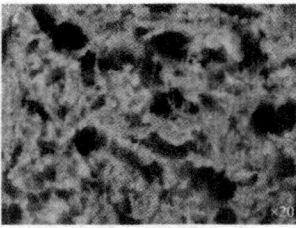

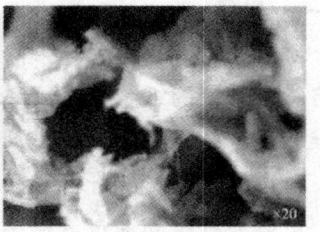

(a) 小粒径　　　　　(b) 中粒径　　　　　(c) 大粒径

图 3-15　不同结构参数的木粉制备的发泡材料截面泡孔形态

表 3-11 木粉粒径结构参数

木粉粒径	种类	平均长度/mm	平均宽度/mm
小粒径	杨木	0.096~0.105	0.0342~0.0450
中粒径	杨木	0.454~0.580	0.0825~0.0954
大粒径	杨木	1.647~1.754	0.2962~0.3128

木质纤维发泡材料的微观结构复杂，内部泡孔多呈不规则、无定形的结构，这是由木质纤维的性能及其结构的复杂性造成的，且不同颗粒的木粉对材料泡孔的影响不同。由图3-15 可知，木粉粒径不同时，材料截面泡孔的形态不同。图 3-15（a）小粒径木粉制备的材料中泡孔不均匀，泡孔个数少，中间实体部分黏结力强。图 3-15（b）显示，中粒径木粉制备的材料泡孔孔径相对小而分布均匀，泡孔截面图像中存在近似圆形的泡孔。图3-15（c）显示，进一步增大木粉粒径后，材料的泡孔孔径较大，泡孔个数较多。

图 3-16 显示，小粒径木粉制备的材料密度最大，孔隙率最低；中粒径木粉制备的材料密度有所降低，但孔隙率增加；大粒径木粉制备的材料密度最小，孔隙率最高。这可能是由于木粉作为基体，对材料整体结构有一定的支撑作用。木粉粒径越大，一方面对发泡材料的支撑作用越强，另一方面木粉堆积时自身的间隙也较大。因此，随着木粉粒径的增大，材料的密度减小，孔隙率增加，但木粉粒径越大，对材料泡孔的形状影响越大，致使气体沿纤维孔隙逸出，材料发生泡孔破裂的概率增加，闭孔率下降。由此可知，中粒径木粉比较合适。

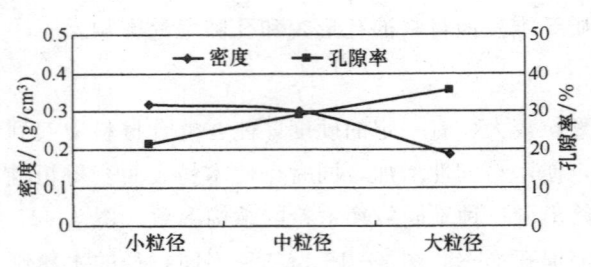

图 3-16 木粉粒径变化对材料性能的影响

（二）纸浆

1. 纸浆含量

将经过疏解的纸浆加入体系中，主要有以下两个原因：一方面利用纸浆中弯曲交织的长纤维和细小纤维来增加胶黏剂与木粉、纤维之间的黏结性，从而增加材料的强度；另一方面，氢键结合是影响纤维制品强度的因素之一，经过打浆处理的纤维端部暴露出的大量羟基，可以使纤维间通过氢键结合。为了使纸浆在胚体中混合均匀，加入纸浆的同时必须附加大量水，这就使混合后的糊状物黏度和含水率随着纸浆含量的变化而改变，进而引起发泡效果的变化。本实验使用经过打浆处理的废瓦楞纸箱作为纤维原料，制备了 4 组材料，来验证打浆细化后纤维的加入量对材料孔隙结构的影响，具体的添加量如表 3-12 所示。其中，纸浆绝干重与纸浆湿重的比值均为 1:9。

表 3-12　纸浆与木粉比例及观察的发泡情况

纸浆绝干重/g	木粉/g	发泡情况
10	30	混合均匀性差,各材料间黏结力小,基本无发泡
20	20	发泡良好,有少量的溢料,发泡倍率较高
30	10	发泡良好,有严重的溢料现象,发泡倍率有所降低
40	0	大面积破裂,有溢料现象,发泡倍率低

从表 3-12 可知,纸浆加入量为 10g 时,材料的混合均匀性差,各材料间黏结力小,基本无发泡,这是由于随纸浆加入混合材料中的水分比较少,混合时黏度较大。纸浆含量增加至 20g 时,黏度适中,有少量的溢料,发泡倍率较高,这说明随纸浆加入材料中的水分增多,材料体系黏度下降到合适的水平,发泡阻力变小,发泡倍率较高,材料发泡过程中出现溢料现象。纸浆含量继续增加到 30g 以上时,随之加入材料中的水分过多,发泡倍率和黏度快速降低,材料发泡过程溢料现象加重。不同纸浆含量的发泡材料截面泡孔形态图像如图 3-17 所示。

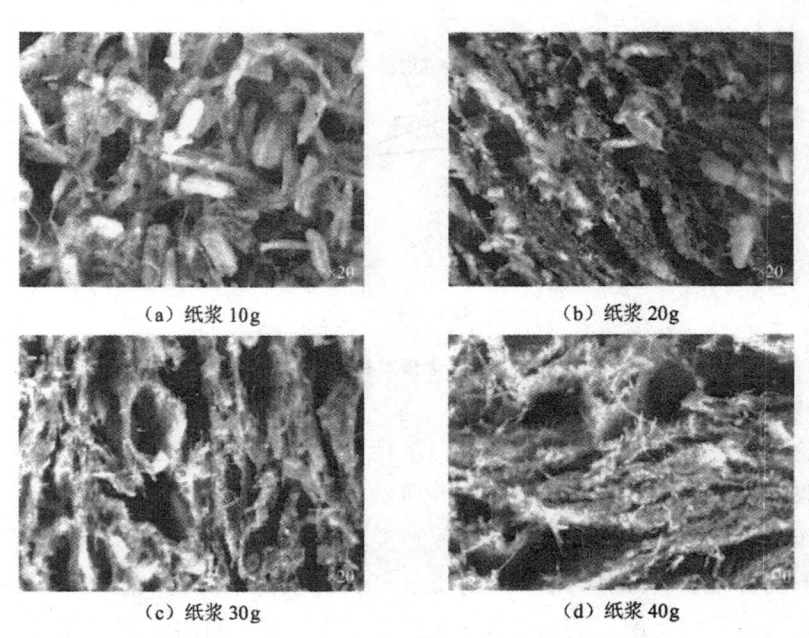

(a) 纸浆 10g　　(b) 纸浆 20g

(c) 纸浆 30g　　(d) 纸浆 40g

图 3-17　不同纸浆含量的发泡材料截面泡孔形态

由图 3-17 可知,随着细小纤维比例的增加,纤维在体系中互相缠绕的作用增强,泡孔形态结构发生变化。图 3-17 (a) 中木粉含量多,纤维分散在木粉中间,其交错的网状结构可以起到连接的作用,增加木粉与木粉、木粉与胶黏剂之间的结合力,并可见少量泡孔;图 3-17 (b)、(c) 和 (d) 显示的泡孔细长且间隙较大,中间实体部分纤维黏结较密。由此可见,纤维的引入使材料结合能力增强,纤维过多时,自身的结合概率增加,使材料实体部分结合紧密,发泡后材料泡孔形态细长,材料间孔隙不均匀,表现出分层的状态。随着纸浆含量增加,材料间隙增加,分层的现象更为明显。

由图3-18可知,随着纸浆含量的增加,材料的密度先减后增、孔隙率先增后减。其中,纸浆含量为10g时,材料中引入的水分也比较少,材料发泡前混合体系黏度较大,导致泡孔生长的阻力较大。此时,木粉及纤维间的结合能力相对较弱,材料的表面张力小,气体沿着木粉间隙逃逸,材料发泡倍率较低,使产生的泡孔小且数量少。纸浆含量增加到20g时,随之引入的水分逐渐增加,使混合物料的黏度改变,为泡孔的形成提供了合适的表面张力,泡孔得到一定程度的生长,并形成了稳定的结构。当纸浆含量为30g时,此时材料的密度进一步下降,孔隙率也呈下降趋势,这是由于纤维表面的羟基使纤维材料自身结合,纤维团聚现象明显。同时,随着纸浆含量的增加,混合物料黏度下降,提供的泡孔张力降低,使材料在发泡时出现了破裂现象。当纸浆含量增加到40g时,纤维团聚形成了较厚的实体部分,而材料的孔隙率提升是由于材料在发泡过程中产生了更大的间隙,分层现象加重。另外,纸浆含量增多,随之加入体系中的水分增多,使材料的黏度过小,气体逸出,纤维材料中孔隙结构减少,使各项性能都有所下降。因此,为了避免分层现象的出现,材料中纸浆含量不能过多,应当为10~20g,对应的木粉含量为20~30g。

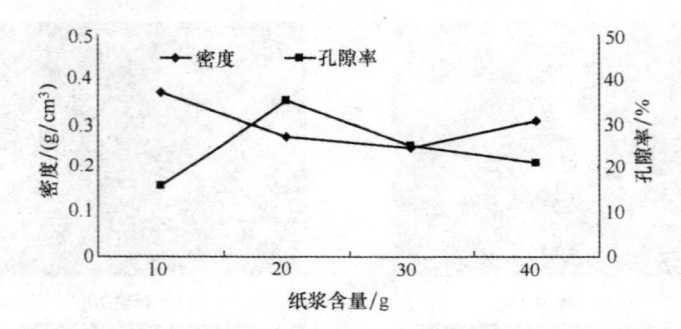

图3-18 纸浆含量对材料性能的影响

2. 纤维种类

作为发泡材料的基体,纤维的种类、分散性等对材料的性能有很大影响。不同种类的纤维制备的发泡材料的泡孔形态如图3-19所示。

随着纤维种类的变化,泡孔形状发生了改变。图3-19(a)显示,使用废瓦楞纸浆制备的发泡材料孔隙细长,部分为层状。这是由于纤维类材料自身的长短和大小都不均匀,对泡孔的均匀性有一定影响。废瓦楞纸浆是经过二次打浆的材料,其中含杂质较多,且含有造纸、外包装印刷相关的化学试剂和油墨等,对发泡材料会产生一定影响。此外,经过二次处理的废瓦楞纸浆,其纤维端部的活性基团较机械浆和化机浆多,纤维间结合力较大,容易结合成团,使材料内部结合力不均匀,在发泡时表面张力不均匀,泡孔沿阻力较小的方向生长,形成了细长的泡孔结构。图3-19(b)和(c)分别为机械浆与化机浆制备的材料的泡孔形态图像,可见两者的泡孔相似,泡孔形状不规则。其中,化机浆去除了少量的木质素,说明这部分木质素的去除对发泡过程没有较大的影响。机械浆与化机浆都经过了打浆处理,材料的韧性适度增强,但由于没有去除木质素,纤维材料的硬度较废瓦楞纸浆制备的材料大,且对材料发泡体系有一定的支撑。图3-19(d)显示,漂白针叶浆制备的发泡材料分层现状比较严重。这是由于漂白后材料的韧性较好,材料自身的交缠作用比较强,纤维团聚加重。此外,漂白浆在打浆及漂白过滤的过程需要使用大量水,不符合本实验的环保要求。因此,本实验材料的制备以废瓦楞纸浆和机械浆、化机浆为主要的纤维原料。

(a) 废瓦楞纸浆　　(b) 机械浆

(c) 化机浆　　(d) 漂白针叶浆

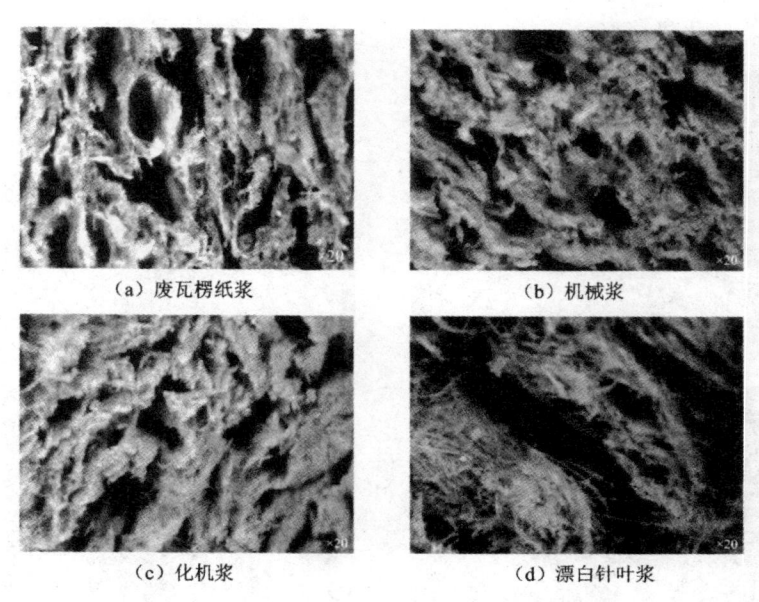

图3-19　不同种类纤维制备的发泡材料的泡孔形态

3. 打浆度

纤维经过不同时间的打浆疏解,在剪切和摩擦揉搓等作用下分丝帚化,纤维表面的羟基增多,使纤维间发生结合并形成氢键的可能性增大,且能够增加纤维与胶黏剂间的结合力,有利于形成稳定的结构,避免出现掉粉等现象。同时,微细纤维增多,纤维上的亲水官能团增多,纤维吸水浸润的能力增强。

图3-20为不同打浆度机械浆制备的发泡材料的泡孔形态。从中可以看出,机械浆制备的材料泡孔形态良好,有明显的泡孔壁。随着打浆程度的增加,泡孔形态相似,但泡孔的孔径逐渐减小。

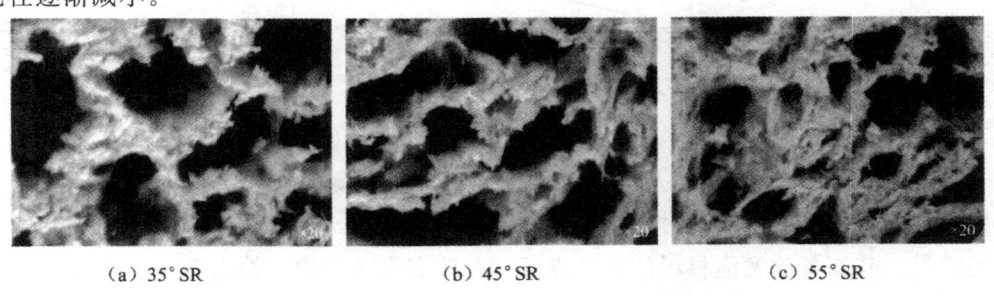

(a) 35°SR　　(b) 45°SR　　(c) 55°SR

图3-20　不同打浆度机械浆制备的发泡材料的泡孔形态

图3-21为不同打浆度化机浆制备的发泡材料的泡孔形态。从中可以看出，化机浆制备的材料泡孔相对于机械浆有所减小。打浆度为23°SR时，材料的泡孔分布不均匀，材料多为通孔，泡孔壁不规则。打浆度为30°SR时，泡孔的均匀性最好，而打浆度为40°SR及45°SR时，泡孔形状发生变形。这是由于化机浆去除一部分木质素后，打浆细化程度过高，对发泡材料的支撑作用减小。由此可知，机械浆制备的木质纤维发泡材料泡孔形状规则，分布均匀，较化机浆好。

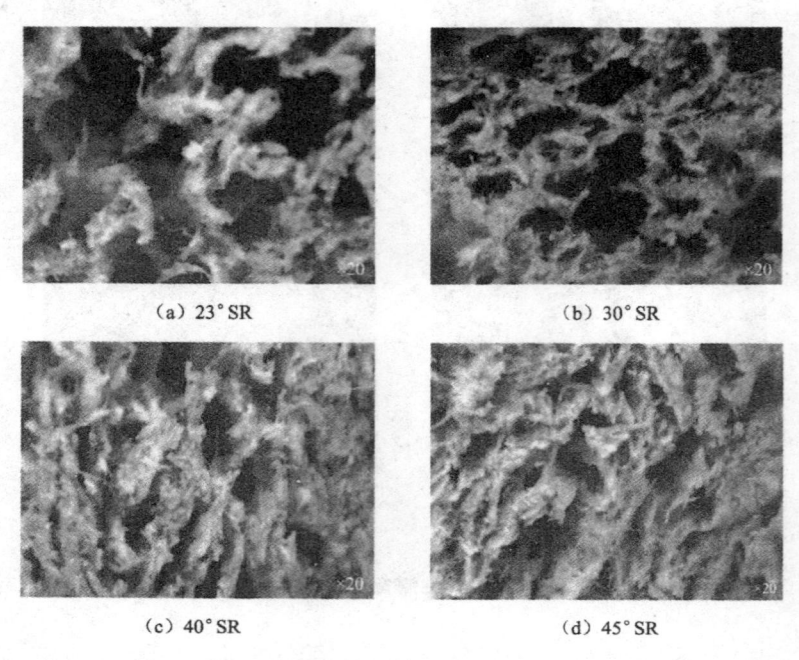

(a) 23°SR

(b) 30°SR

(c) 40°SR

(d) 45°SR

图3-21 不同打浆度化机浆制备的发泡材料的泡孔形态

图3-22为机械浆打浆度对材料密度及孔隙率的影响。从中看出，随着机械浆打浆度的增加，其制备的发泡材料的密度先变大后保持平稳，孔隙率则先减后增。综合泡孔的孔隙结构特点可知，采用机械浆制备发泡材料时，打浆度选择35°SR较好。

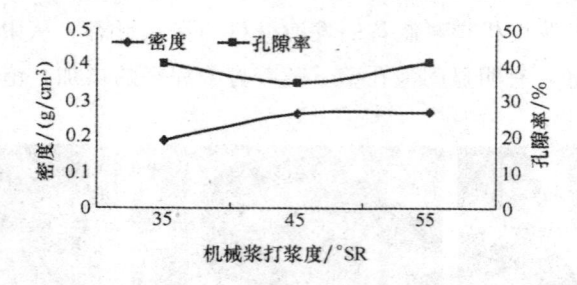

图3-22 机械浆打浆度对材料密度及孔隙率的影响

图3-23为化机浆打浆度对材料密度及孔隙率的影响。从中可以看到，随着化机浆打浆度的降低，其制备的发泡材料的密度降低，孔隙率先减后增。综合考虑，化机浆的打浆度选择30°SR比较适合。

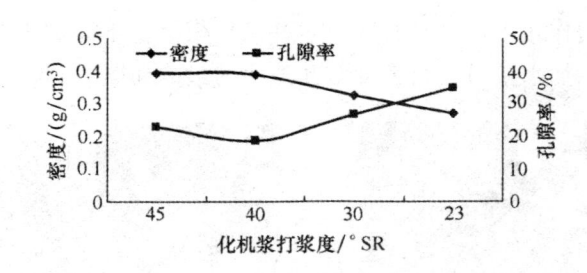

图 3-23 化机浆打浆度对材料密度及孔隙率的影响

(三) 加水量

为了使纤维在混入体系中均匀不团聚,要将纤维先与大量水混合,使纤维充分吸水,并通过纤维解离器分散均匀。解离使水分子与纤维端部的羟基结合,避免纤维间氢键结合而造成团聚。

水对发泡材料的影响主要有两个方面:一是水在高温下汽化可以作为发泡剂;二是水的加入影响了发泡胚体的黏度,对泡孔壁的表面张力产生很大的影响。水量少时,胚体黏度太大,不利于混料均匀,且气泡形成时阻力较大,泡孔直径小,发泡不能达到最佳状态。随着水量的增多,胚体的黏度下降,气泡阻力变小,逐渐达到适合气泡生长的状态。当发泡过程中混合材料温度升高至100℃时,水开始气化,这一过程会使材料间形成更多的孔隙。此时,水过多会导致胚体内部水沸腾,泡孔形状不受控制,造成材料间气泡大面积的合并,使材料分层。此外,当预糊化淀粉含量变化时,材料体系中所能承受的最大含水率也有变化,但是这种变化与纸浆因素也有关系,纸浆在复合体系中形成很多空隙,在发泡时气体和水蒸气会沿着纤维方向溢出。因此,木质纤维发泡材料是一个复杂的体系,各因素之间有很大的影响。为了研究加水量对材料泡孔形态的影响,按表3-13的用量制备木质纤维发泡材料,并观察加水量不同时材料的发泡情况。

表3-13 加水量不同时材料的发泡情况

加水量/g	观察的发泡效果
88	未充满模具,黏度较大,干燥后材料过硬
96	未充满模具,黏度适中,硬度有点大,泡孔不明显
113	充满模具,少许溢料,发泡良好,表面有破裂,干燥后黏度较小
118	充满模具,发泡时有胶体液状溢出,表面有破裂,黏度较小

注 木粉28g,纸浆绝干重12g。

由表3-13可知,加水量少时,发泡不明显,未充满模具。材料干燥后的硬度大,这是由于材料黏度大,发泡倍率低,且材料表面不平整。随着加水量的增多,材料体系的黏度随之下降,材料的发泡逐渐明显,材料逐渐能够完全填充模具。含水量为113g时,材料的发泡情况最好;加水量为118g时,材料发泡过程出现溢料和表面破裂现象。这可能是由于材料黏度低,水沸腾时汽化产生了较大的泡孔合并引起了塌陷,且过多的胶黏剂受热黏度下降，并在重力作用下流入材料底层，并溢出模具。不同加水量发泡材料截面泡孔形态如图 3-24 所示；加水量对材料密度和孔隙率的影响如图 3-25 所示。

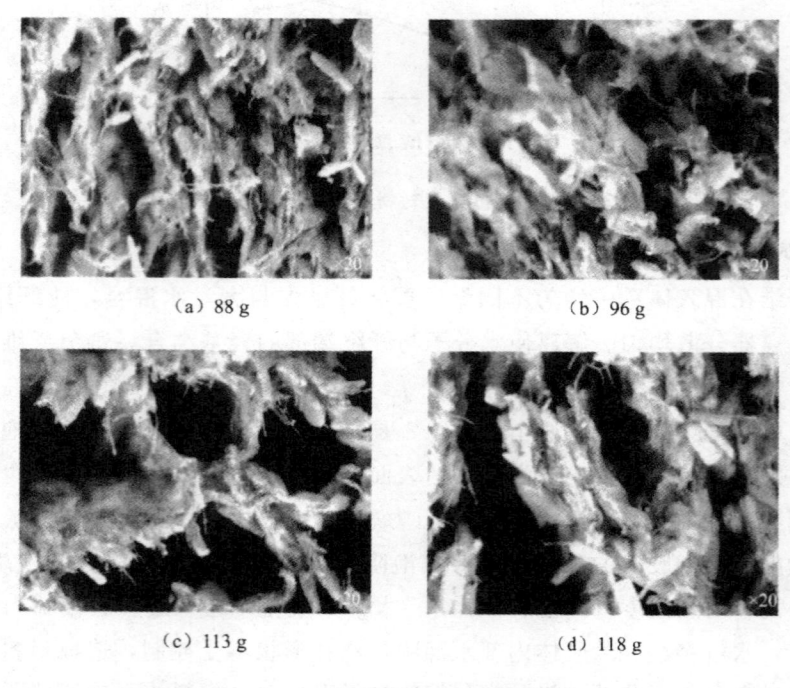

(a) 88 g
(b) 96 g
(c) 113 g
(d) 118 g

图 3-24 不同加水量发泡材料截面泡孔形态

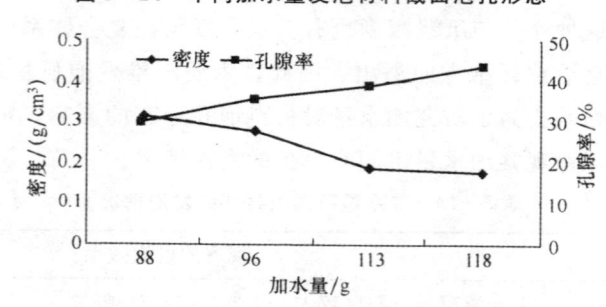

图 3-25 加水量对材料密度和孔隙率的影响

由图 3-24 和图 3-25 可知，材料的泡孔结构、密度与孔隙率随加水量的增加产生了明显的改变。随着加水量的增加，材料中的泡孔逐渐明显，当加水量为 88g 时，即加入的湿纸浆为 100g，材料基本没有发泡，这是由于整体的含水率低，材料黏度大，使发泡时气体受到的阻力也很大。此时，材料的发泡倍率低，密度大，孔隙率小。当含水率增加时，泡孔的孔隙逐渐明显，此时密度下降的同时孔隙率得到提升。在加水量增加到 118g，即加入了 130g 湿纸浆时，泡孔的形态较好，孔隙率达到最大值。如含水量继续增加时，体系黏度减小，则泡孔已发生破裂现象。实验中得到当纸浆含量为 12g 时，加水量为 113～118g 较好，此时纸浆含水率约为 90%，混料体系含水率约为 50%。

(四) 复配发泡剂配比

根据前期的实验基础，本实验中选择使用复配发泡剂制备发泡材料。下面对比在发泡剂总用量相同的情况下，复配发泡剂配比对泡孔形态以及相关性能的影响。发泡剂总量为4g，AC与碳酸氢钠的比例分别为1∶3、1∶1和3∶1时不同发泡剂比例对泡孔形态的影响如图3-26所示；对材料性能的影响如图3-27所示。

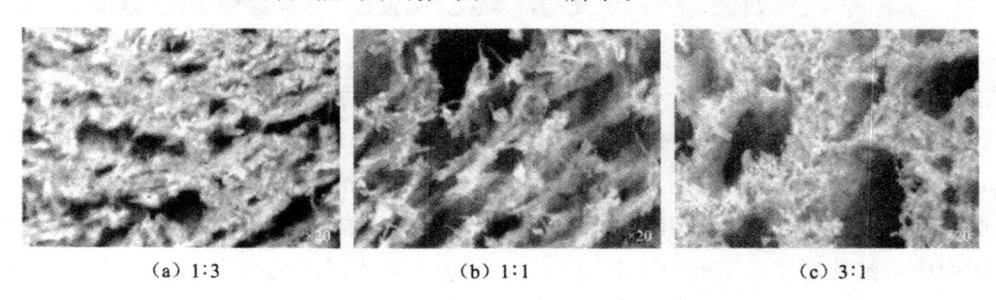

(a) 1∶3　　　　(b) 1∶1　　　　(c) 3∶1

图3-26　不同发泡剂比例对泡孔形态的影响

图3-26中显示了发泡剂比例不同时，材料的泡孔截面图像。发泡剂比例为1∶3时，材料的泡孔细小，但形态不规则。当发泡剂比例为1∶1时，可见截面中泡孔孔隙增加，可以看到木粉与纤维的交缠。当发泡剂的比例增加到3∶1时，材料的泡孔壁较厚，且比较均匀。由此可知，复配发泡剂中增加AC所占的比例，有助于形成更多的大泡孔，而碳酸氢钠的含量多时，材料中的小泡孔较多。

图3-27显示随着发泡剂比例的增大，材料的密度先减后增。虽然复合发泡剂中AC与碳酸氢钠比例增大时，泡孔的孔径增大，但材料的泡孔壁较厚，如图3-26（c）所示，孔隙率没有一直增加，而是先增后减。由此可知，添加不同比例的发泡剂可以得到孔隙结构不同的材料。

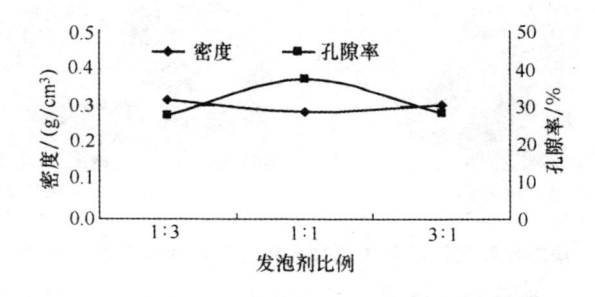

图3-27　不同发泡剂比例对材料性能的影响

(五) 胶黏剂

为了控制发泡过程的稳定性，选择合适的纤维与胶黏剂的比例，是调节体系黏度的一个重要环节。在体系中，充当胶黏剂的有聚乙烯醇水溶液和预糊化淀粉两种。胶黏剂的多少与整个体系发泡效果的好坏有很大联系。图3-28为胶黏剂PVA含量对材料泡孔形态的影响。

(a) 25g　　　　　　　　(b) 45g　　　　　　　　(c) 65g

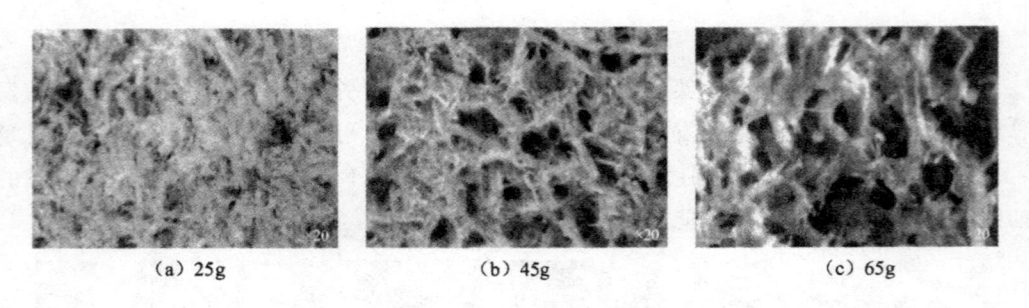

图 3-28　胶黏剂 PVA 含量对材料泡孔形态的影响

PVA 胶黏剂的作用是黏结住纤维，发泡时提供表面张力，包裹住气体。由图 3-28 可知，随着体系中 PVA 胶黏剂用量的增加，材料的黏结情况有很大不同。当 PVA 为 25g 时，胶黏剂用量过少，对木粉和纤维的黏结力不够，不能形成泡孔。胶黏剂增加为 45g 时，图像中的泡孔增多，泡孔分布相对均匀，但由于杨木纤维的存在，使一些泡孔的形状不规则；当 PVA 增加为 65g 时，胶黏剂含量过多，使材料间孔隙减少。另外，在热压过程中胶黏剂黏度下降，流动性好，多余的胶黏剂会因重力作用而向下流动，造成发泡后材料单面的胶黏剂较多，而向上的面则因为胶黏剂较少故发泡效果比较好。在本实验中，由于引入了高含水率的纤维浆料，为了不影响体系的含水量，增加了不含水的淀粉胶黏剂来调节水对体系黏度的影响。从泡孔结构的观察结果可知，材料中 PVA 含量应当在 45g 比较好。

图 3-29 为添加预糊化淀粉和未添加预糊化淀粉时制备的材料的泡孔形态对比；图 3-30 是淀粉含量对复配胶黏剂（淀粉/PVA）制备的材料泡孔形态的影响。

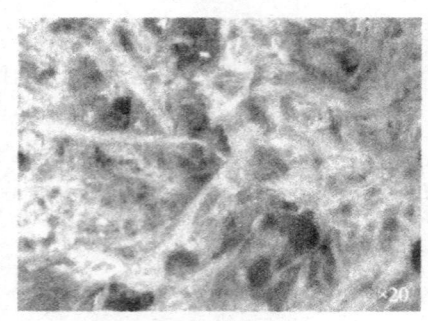

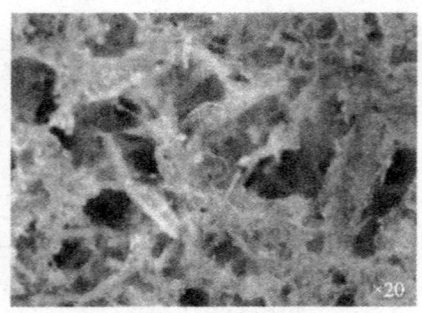

(a) 含预糊化淀粉　　　　　　　　(b) 不含预糊化淀粉

图 3-29　添加预糊化淀粉和未添加预糊化淀粉时制备的材料的泡孔形态

预糊化淀粉的加入，为材料提供了一定的强度，但淀粉的含量不能过高。这是因为淀粉的分子结构中含有大量羟基，使淀粉分子间通过氢键连接起来，造成黏度过大，不利于泡孔的成型。另外，淀粉干燥后变硬，增加了材料的脆性，减少了材料的回弹性能。为了改善淀粉的性能，通常采用水、甘油等来使淀粉分子间距离增大，减小淀粉分子间作用力，提升加工性能。本实验采用预糊化淀粉作为胶黏剂，使用时可以与水混合来调节发泡黏度，使体系黏度更易控制，溢料现象得到改善。此外，由于淀粉中不含水分，因此也缩短了干燥的时间。

图3-29（a）是复配胶黏剂（淀粉/PVA）制备的材料的泡孔形态，材料的表面有一层透明的胶黏剂膜，这层膜的主要成因是PVA具有良好的成膜性，在加入淀粉后黏度增大，为膜的形成提供了足够的张力，在发泡时张力能够保持良好，形成透明的薄膜。而图3-29（b）不含淀粉的材料中没有这层膜，这是由于不含预糊化淀粉时，体系黏度小，在发泡时PVA成膜张力较小，在发泡过程中被破坏所致。淀粉含量不同，对发泡材料泡孔形态的影响也不同，如图3-30所示。

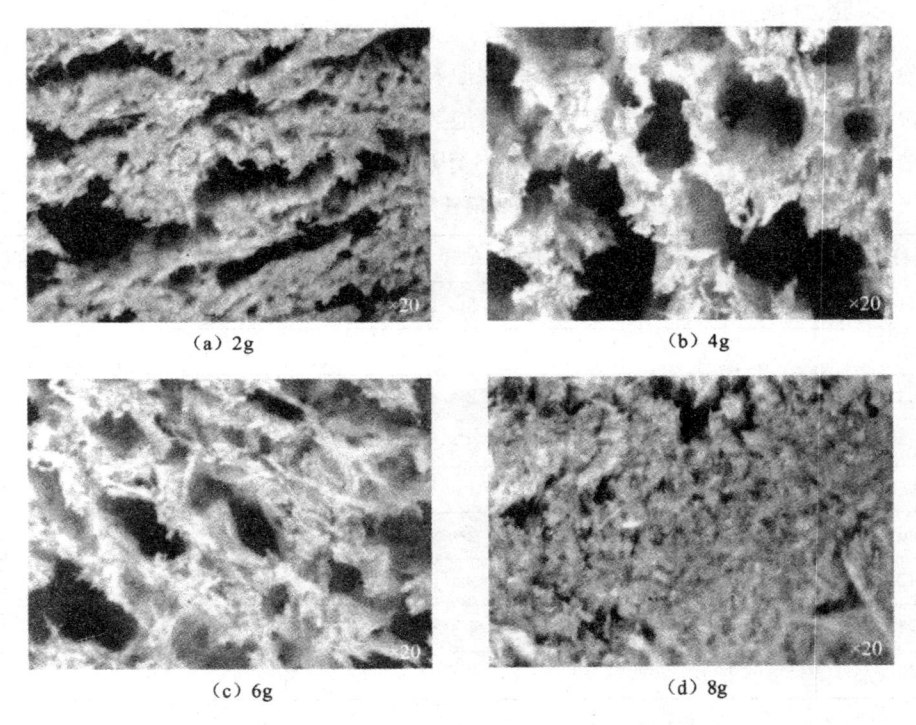

(a) 2g　　(b) 4g

(c) 6g　　(d) 8g

图3-30　淀粉含量对复配胶黏剂（淀粉/PVA）制备的材料泡孔形态的影响

由图3-30可知，随着材料中淀粉含量的增加，体系黏度增大，材料的泡孔形态差异较大。图3-30（a）显示，淀粉含量为2g时，泡孔为层状，这可能是由于淀粉含量少，体系黏度较低，发泡时泡孔塌陷，使泡孔形状变形。图3-30（b）显示，淀粉含量为4g时，材料的泡孔近似圆形，且分布均匀。图3-30（c）显示，淀粉含量为6g时，材料发泡时黏度增加，形成的泡孔直径变小，泡孔形状较好，但大小不一致。图3-30（d）显示，淀粉增加到8g时，体系黏度过大，材料发泡过程中所受的阻力过大，截面中的泡孔个数减少。因此，淀粉含量适合的范围在4~6g之间。综上可知，淀粉的加入增加了混合体系的黏度，使混合体系在发泡时能够包裹住气体。复合胶黏剂的材料泡孔明显，形状接近圆形或椭圆形，且有一定的泡孔壁，能够通过泡孔受压缩后产生变形，来抵消外界的作用力。不含淀粉的材料，除了通过胶黏剂PVA连接之外，材料间形成纤维网络结构，没有明显的泡孔壁，纤维间空隙小且分布较均匀，材料的缓冲性能主要依靠纤维材料自身的韧性和孔隙结构产生的变形来抵消外界应力。

第三节 泡孔参数对木质纤维发泡材料力学性能的影响

一、实验方案

实验选用韧性较好的废瓦楞纸浆为纤维原料进行正交试验,打浆度为30°SR。在木粉及纤维含量相同的情况下,通过改变水、发泡剂、淀粉、成核剂等组分的用量制备9组不同孔隙结构的发泡材料,实验方案如表3-14所示。

表3-14 制备不同孔隙结构材料的配方

试样	湿重/g	发泡剂(AC:NaHCO$_3$)	滑石粉/g	淀粉/g
N1	115	3:1	1	4
N2	115	1:3	3	5
N3	115	2:2	5	6
N4	120	3:1	3	6
N5	120	1:3	5	4
N6	120	2:2	1	5
N7	125	3:1	5	5
N8	125	1:3	1	6
N9	125	2:2	1	4

二、测量结果

根据材料的孔隙率及力学性能表征方法得到材料的相关性能指标,如表3-15所示。

表3-15 材料的性能指标及孔隙率测量结果

试样	密度/(g/cm^3)	回弹率/%	最小缓冲系数	孔隙率/%
N1	0.170	55.77	4.7	42.28
N2	0.233	61.28	4.7	32.72
N3	0.209	59.51	4.9	35.84
N4	0.190	62.33	5.0	39.15
N5	0.230	73.32	5.0	29.13
N6	0.178	50.72	4.7	49.00
N7	0.151	51.58	4.2	45.17
N8	0.182	61.85	4.4	39.71
N9	0.179	57.74	4.8	39.09

三、孔隙率对材料应力—应变曲线的影响

对表 3-15 不同材料的测量结果进行分析后,从中选取孔隙率相差较大的 5 个试样,按孔隙率大小排列后为 N5<N3<N9<N1<N7,根据静态压缩试验方法绘制不同孔隙率发泡材料的应力—应变曲线的对比结果,如图 3-31 所示。

从图 3-31 可以看出,木质纤维发泡材料的应力—应变曲线呈现以下特征:曲线在开始阶段,即应变量约为 10% 以内,近似为线性,这一阶段可作为木质纤维发泡材料的弹性变形阶段。此时,随着孔隙率降低,弹性变形区间逐渐明显,弹性变形阶段对应的曲线斜率越来越大。这说明孔隙率越低,材料在小应变弹性变形阶段的线弹性模量越大;随着应变增加,材料应力—应变曲线斜率下降,曲线趋势比较平缓,类似于瓦楞纸板材料压缩时的平台区,可视为木质纤维发泡材料的屈服阶段。在这一阶段中,随着应变的不断增加,材料的应力值变化不大。孔隙率最小的材料屈服阶段最短,而随着孔隙率的增加,材料的屈服阶段越来越长,对应的应力值越低,应力增量越小。平台区之后材料的应力—应变曲线呈正切型,斜率变大,应力急剧上升,材料在外力作用下逐渐密实。这一阶段可以作为木质纤维发泡材料的压实阶段,孔隙率越低的材料进入压实阶段越快。

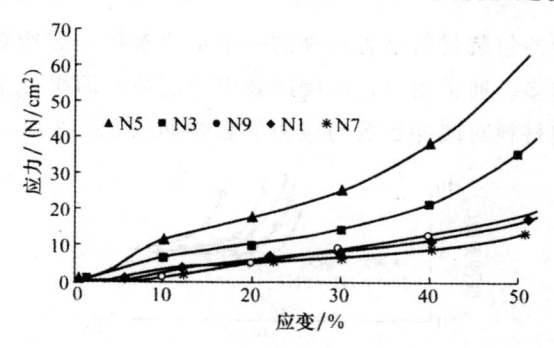

图 3-31 不同孔隙率发泡材料的应力—应变曲线

从整体上讲,孔隙率越小,木质纤维发泡材料的应力—应变曲线越高,即同一应变条件下,材料对应的应力值越大。这是因为孔隙率越小的材料其内部纤维间的距离越小,纤维间相互绞缠紧密,使各材料间接结合力作用加大,有利于材料表现出较好的力学性能;材料的孔隙率越大在同一应力条件下越容易发生变形,其静态压缩曲线则越接近于横轴,这一结论与国内学者的研究结论一致。但是,孔隙率较大的材料,其对应的静态压缩曲线相差不大,这可能是由于实验中孔隙率较高的材料,其中所包含的大泡孔破裂或合并产生的泡孔使高孔隙率的材料所能承受的应力值均比较低。

四、孔隙率对材料能量吸收曲线的影响

不同孔隙率的发泡材料对能量的吸收有所不同,如图 3-32 所示。

从图 3-32 不同孔隙率材料的能量吸收曲线可以看出,孔隙率越大,材料在发生相同

应变时吸收的能量越少。这是因为能量吸收曲线是应力与应变量的函数。在相同的应变条件下，孔隙率越大，材料对应的应力值越小，所吸收的能量越少。同时，为了抵消相同外力作用的能量，孔隙率越大，材料所需发生的形变量越大，越容易被压实。因此，在本实验中，孔隙率大的材料对产品的保护性能不好。

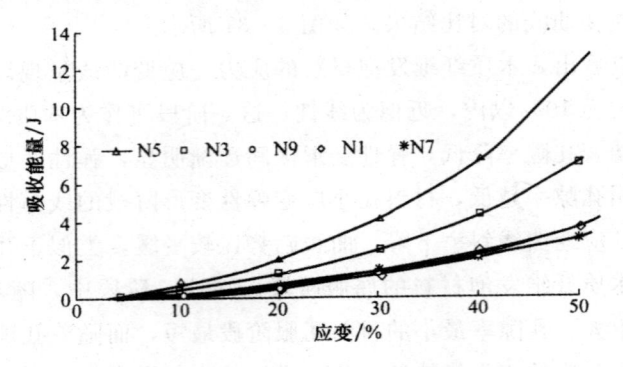

图 3-32 不同孔隙率发泡材料的能量吸收曲线

五、孔隙率对缓冲系数与应力曲线的影响

缓冲效率是衡量缓冲包装材料是否合理的一个重要参数。缓冲效率越高，单位体积的缓冲材料吸收的能量越多。通常用材料的缓冲效率的倒数，即缓冲系数来验证材料的缓冲性能。不同孔隙率发泡材料对缓冲系数与应力的影响如图 3-33 所示。

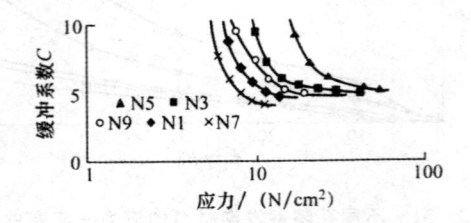

图 3-33 不同孔隙率材料的缓冲系数与应力曲线

图 3-33 显示了材料的缓冲系数与应力曲线，从中可以看到，随着孔隙率的增大，材料的缓冲系数与应力曲线向左下方移动。由此可知，当受到相同应力时，孔隙率越大，材料的缓冲系数越小，材料具备的缓冲效率越高。这是因为在受到相同的应力作用时，孔隙率越大，材料产生的应变量越大，吸收的压缩能量越多。木质纤维发泡材料的最小缓冲系数为 4.2～5.0，说明材料具备较好的缓冲性能。

六、孔隙率对材料 4 次压缩回弹性的影响

对孔隙率不同的材料进行 4 次压缩回弹性对比。表 3-16 为经过 4 次压缩后的回弹厚度测量结果。图 3-34 为不同孔隙率的材料 4 次压缩回弹厚度曲线；图 3-35 为不同孔隙率的材料 4 次压缩的平均回弹率曲线。

表 3-16　各材料的 4 次压缩后的回弹厚度测量结果

试样	初始厚度/mm	压缩后厚度/mm			
		第 1 次	第 2 次	第 3 次	第 4 次
N1	18.25	16.82	15.56	13.76	13.09
N3	18.12	15.92	14.74	13.75	12.98
N5	18.49	16.06	14.33	13.10	12.51
N7	17.31	15.14	13.95	13.23	12.94
N9	16.75	15.13	14.08	13.62	13.61

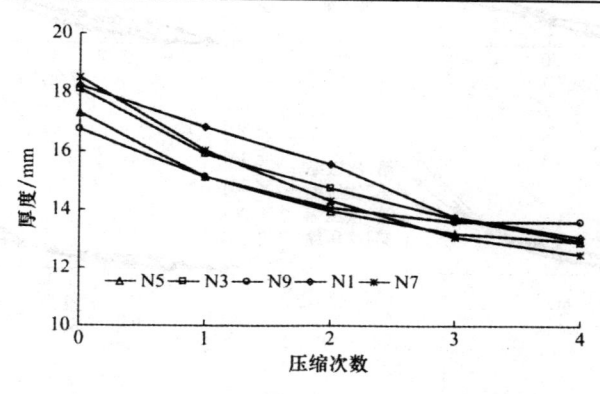

图 3-34　不同孔隙率材料 4 次压缩回弹厚度曲线

从图 3-34 可以看出，随着压缩次数的增加，木质纤维发泡材料的厚度不断减少。这是由于材料中的泡孔孔隙受压缩时可以通过结构变形来吸收外界作用的能量。压缩次数越多，缓冲材料尺寸变形越大，越不利于保护产品。不同孔隙率的材料，其多次压缩后厚度下降的趋势相同，而下降的速率略有不同。其中，材料 N1 和 N9 的回弹厚度曲线下降趋势明显变缓，其在第 3 次和第 4 次压缩后，厚度值基本不变。这说明压缩次数增加，材料的厚度减少率降低，恢复到压缩前厚度的能力增强。这可能是由于压缩后材料泡孔孔隙逐渐紧密，而材料自身的间隙对材料性能的影响逐渐明显，使木质纤维材料表现出较好的回弹性。这一结论与国内一些学者的研究结果不同，也说明本实验中材料的多次压缩回弹性能优于一般的木质纤维类发泡材料。

从图 3-35 中可以看到，材料的多次压缩平均回弹率先增后减。其中，材料 N9 的平均回弹率最高，其具备较好的多次压缩回弹性能。而材料 N5 的多次压缩平均回弹率最低，其多次压缩回弹能力最差。由此说明，随着孔隙率增加，材料的多次压缩回弹性能逐渐增加，但孔隙率过大，材料中所能承受的应力值降低，多次压缩时泡孔结构容易被破坏，

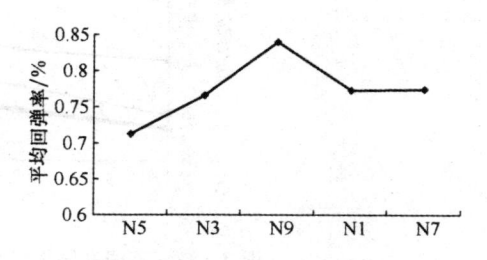

图 3-35　不同孔隙率材料 4 次压缩的平均回弹率曲线

导致多次压缩回弹性能降低。

七、孔隙率对材料多次压缩的应力—应变曲线的影响

不同孔隙率材料 4 次压缩结果对比如图 3-36 所示；不同孔隙率材料 4 次压缩的最大应力变化曲线如图 3-37 所示。

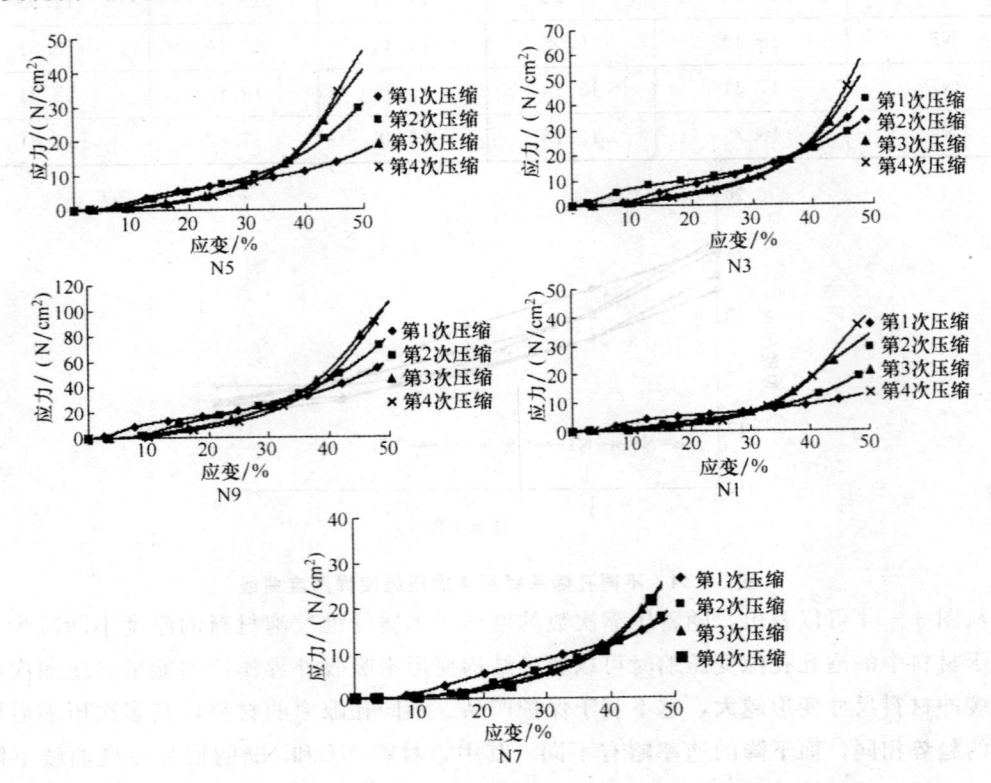

图 3-36 不同孔隙率材料 4 次压缩结果对比

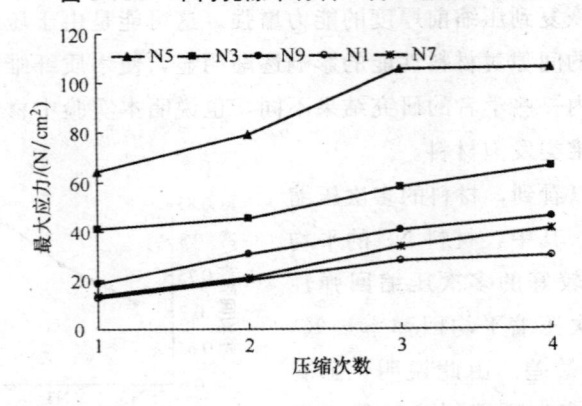

图 3-37 不同孔隙率材料 4 次压缩的最大应力变化曲线

由图 3-36 可知，同一材料在进行 4 次压缩时，随着压缩次数的增加，材料在较小的应变下所能承受的应力值下降。这说明泡孔在多次压缩后，材料的孔隙结构支撑作用减弱，在较小的应力作用下就会发生较大的尺寸变形。当变形量为 30% 或 40% 以上时，压缩次数越高，曲线斜率越大，材料应力增加的速度越快。以上说明，随着压缩次数的增加，木质纤维发泡材料对产品的保护能力减弱。从不同孔隙率材料的 4 次压缩曲线可以看出，不同孔隙率的材料其第 1 次压缩的曲线变化趋势包括三个阶段，即弹性阶段、屈服阶段与压实阶段。同时，第 1 次压缩曲线与后 3 次压缩曲线的变化趋势存在明显差别。材料的后 3 次压缩曲线中弹性阶段与屈服阶段变短，进入压实阶段时的应变量变小。此外，后 3 次材料的曲线相对接近，这说明了经过第 1 次的预压缩，材料的静态压缩性能逐渐趋于稳定。结合回弹厚度的变化，可知经过 1~2 次压缩后，材料的回弹厚度变化量减少，说明预压缩实验使材料的性能趋于稳定。

由图 3-36 和图 3-37 可以看出，不同孔隙率材料在 50% 应变量时对应的最大压缩应力不同。孔隙率越小，材料的最大压缩应力值越大。随着压缩次数的增加，材料的最大压缩应力值整体上升，但材料最大应力增加的速率下降。其中，材料 N9 最大压缩应力值变化量最小，材料的性能稳定性最好。N5 孔隙率最小，其最大压缩应力值在第 3 次和第 4 次差别不大，这可能是由于在第 3 次压缩后，该材料的泡孔结构破裂，但纤维材料自身的间隙产生的回弹性较好。

八、泡孔密度对材料孔隙率及回弹率的影响

表 3-17 为使用 IPP 软件得到的试样泡孔个数、孔隙率计算时的 AOI 及泡孔密度计算结果，图 3-38 为孔隙率及回弹率随泡孔密度变化的曲线。

表 3-17 试样的泡孔密度计算过程参数及结果

试样编号	泡孔个数/个	AOI/mm²	泡孔密度/（个·mm⁻²）
N1	501	1481.36	2.469
N2	428	1452.41	2.902
N3	511	1452.41	2.053
N4	399	1452.41	1.252
N5	599	1330.53	4.358
N6	418	1944.92	0.707
N7	401	1695.87	0.922
N8	484	1706.95	1.243
N9	347	1464.69	1.095

从图 3-38 中可以得到，泡孔密度上升时，材料的回弹率出现整体呈上升趋势，而对应材料的孔隙率曲线则出现下降趋势。其中，材料 N5 的孔隙率最小，泡孔密度最大，材

料的回弹率最高。材料 N6 泡孔密度最低,对应的材料回弹率最低。材料的回弹率曲线变化与泡孔密度趋势整体一致,即泡孔密度上升时,材料的回弹率表现为上升趋势,但在 N1 时出现了下降趋势,这可能是由于材料 N1 中含有大泡孔,使孔隙率有所升高,而材料的回弹率反而降低。孔隙率接近时,如 N2 与 N5,此时泡孔密度较大的材料其回弹率比较高。由此可知,随着泡孔密度增加,材料的泡孔密度与回弹率近似为正相关,泡孔密度、孔隙率与回弹率均近似为负相关。

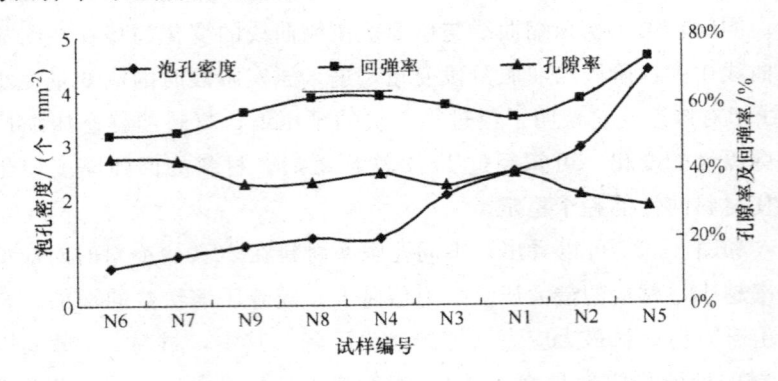

图 3-38 不同试样的泡孔密度、孔隙率及回弹率变化曲线

九、孔径大小及分布对材料孔隙率及回弹率的影响

从图 3-39 可以看到,各材料中泡孔孔径在 0~0.5mm 区间泡孔个数最多,0.5~3mm 及 3~6mm 泡孔个数迅速减少,而 6mm 以上泡孔个数最少。

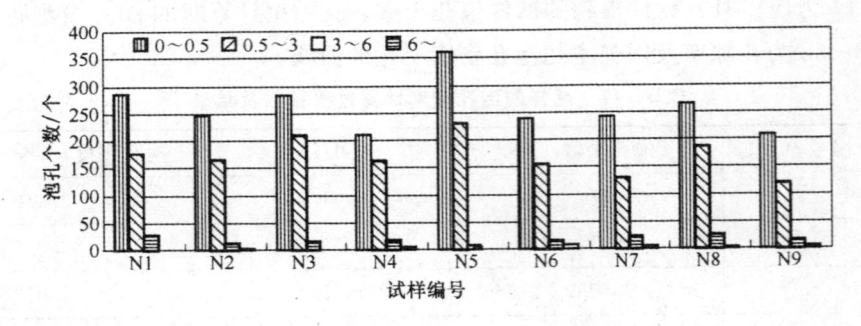

图 3-39 不同泡孔孔径材料的泡孔个数分布

图 3-40 显示 0~0.5mm 泡孔个数虽多,但泡孔所占的孔隙百分比比较低,在 2% 左右。这一部分孔隙包含着发泡剂产生的小泡孔和纤维自身的间隙,且几乎不会受发泡剂含量等因素的影响,因此,对整体的孔隙率影响较小。材料不同孔径泡孔间的孔隙比例存在较大的差异,其中,0.5~3mm 及 3~6mm 的泡孔孔隙百分比大部分都集中在 10%~25%,而 6mm 以上的泡孔孔隙百分比相差最明显。比如材料 N5 的大泡孔所占比例最少,而 N6 在 6mm 以上的泡孔所占的比例最大,这些泡孔中包含了材料发泡过程形成的完整的泡孔结构,以及材料发泡时由小泡孔合并产生的不规则大泡孔。结合孔隙率可以看到,

含大泡孔的材料其孔隙率都比较大，说明大泡孔使材料的孔隙率明显增加。此外，破裂的泡孔直径比较大，这一部分的大泡孔对材料的孔隙率及回弹性都有一定的影响。

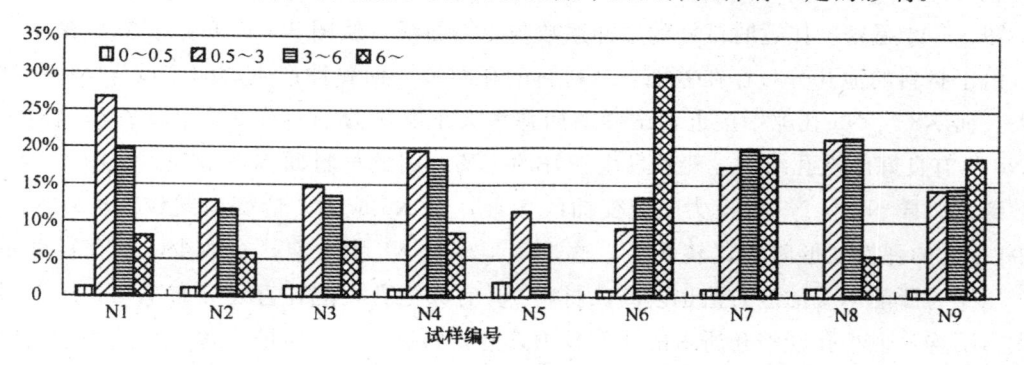

图 3-40　各材料不同孔径的泡孔面积占总面积的百分比分布图

以下讨论密度相同时材料的孔隙分布情况及其影响。其中，试样 N6、N8、N9 的密度相同，为 1.80g/cm³。结果如图 3-41～图 3-44 所示。

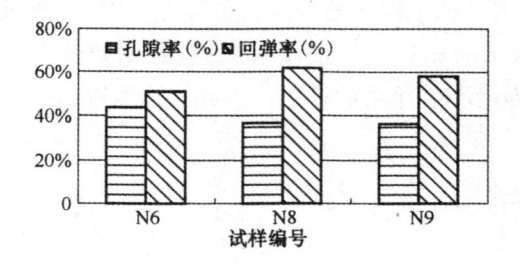

图 3-41　密度接近的试样孔隙率与回弹率对比

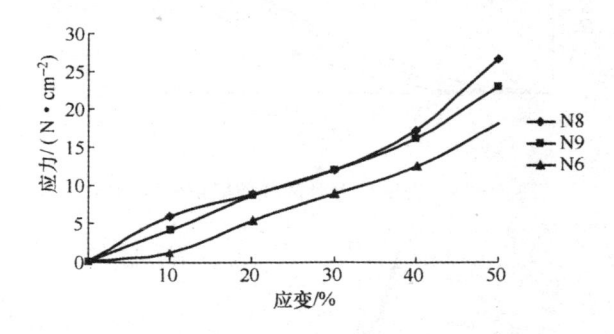

图 3-42　密度接近时试样的应力—应变曲线

由图 3-39 和图 3-40 可知，在密度接近时，材料的泡孔分布有较大的差别，具体的分布情况为：直径小于 0.5mm 的泡孔分布相同，即泡孔个数较多，占孔隙总面积的 2% 左右。试样 N8 中的泡孔分布比较均匀，孔隙多集中在 0.5～3mm 及 3～6mm 之间，且占孔隙面积百分比较大，均为 20% 左右；6mm 以上泡孔面积占总面积的比例最少，约为 5%。N9 中含有大泡孔，分布不均匀，0.5～3mm 与 3～6mm 之间的泡孔所占孔隙率约为 14% 左右；6mm 以上泡孔个数少，但占总孔隙的面积的百分比最大，约为 18% 左右。N6

中泡孔分布不均匀,大泡孔主要为破裂和合并的泡孔,且这些泡孔所占的孔隙率最大,在30%左右。

图 3-44 是密度接近时试样的缓冲系数与应力曲线。从图 3-41 可以看到,密度接近时,由于材料的泡孔分布存在差别,对材料的孔隙率、回弹性产生影响。试样 N6 孔隙率最大,而 N8 与 N9 孔隙率接近,试样的回弹率大小顺序为 N6<N9<N8。在压缩时,试样 N8 具有良好的泡孔结构,能够发生较好的变形,因此材料回弹性最好。从图 3-42 可以看到,试样 N8 与 N9 的应力—应变曲线接近,而 N6 应力—应变曲线较 N8 和 N9 低。其中,N8 的弹性变形阶段比较明显。这是由于材料 N8 中大泡孔个数少,泡孔径分布均匀,压缩时所能承受的应力值也较高。材料 N9 有大泡孔,泡孔直径分布不均,压缩时材料受力不均,但小孔径泡孔所占的比例较大,为材料提供了一定的支撑。孔隙率最大的试样 N6 的应力—应变曲线最接近于 X 轴,在同一应力作用下应变量最大。从图 3-43 可以看到,在相同的应变条件下,孔隙率最大的试样 N6 吸收的能量最少,其次是 N9,最后是 N8。这是由于大泡孔和破裂泡孔(孔径在 6mm 以上)的存在使材料表现出较高的孔隙率,这些大泡孔使材料在相同的应变条件下所承受的应力值较低,因此,吸收的能量较少。图 3-44 显示,在应力值小于 $15N/cm^2$ 范围内,试样 N6 的缓冲系数较大,超过该应力值后,试样 N6 缓冲系数曲线最低,即最小缓冲系数最小。因此,孔隙率越大,材料表现出的缓冲效率越高。

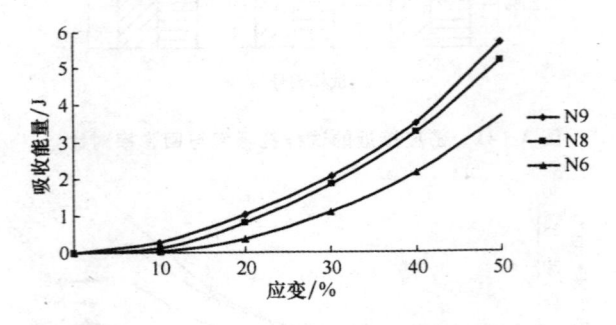

图 3-43 密度接近时试样的能量吸收曲线

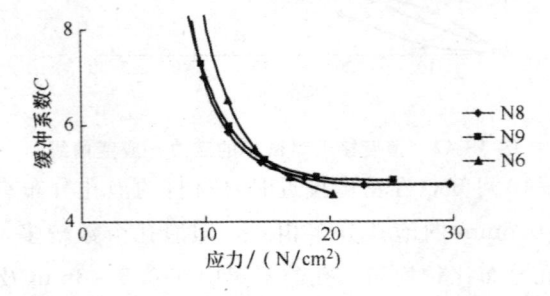

图 3-44 密度接近时试样的缓冲系数与应力曲线

结合泡孔分布可知,密度接近、孔隙率相差较大时,孔隙率越高,在同一应力作用下发生的变形越多,表现出了较高的缓冲效率,但材料的回弹性较差;当密度和孔隙率接近时，孔径分布越均匀，材料回弹性越高，在同一应变时能承受的应力值、吸收的能量和缓冲效率越高。

第四节　木质剩余物纤维多孔材料结构分析

为更好地了解材料的微观结构，揭示其分子结构、化学性质以及材料结构中官能团的变化规律，通过 SEM、FTIR、XPS、TGA 等手段探索材料内部的微观结构和变化规律。

一、测试仪器设备

电子扫描显微镜（SEM，QUANTA200，FEI 公司），用于材料微观形貌观察。

傅里叶红外光谱分析仪（FTIR，MAGNA-IR560，美国尼高力公司），用于确定官能团类型及分子结构分析。

X 射线光电子能谱仪（XPS，THERMO，美国热电集团），用于材料表面结构分析，确定官能团类型。

热重分析仪（TGA，TGAQ500，美国 TA 仪器公司），用于材料热分解过程及热稳定性分析。

为了能够更清晰地分析材料的内部结构及各组分对材料成型后内部结构的影响及作用，在优化设计的基础上，采用 6 种不同的配方，得到缓冲性能优良的试样 1#、2#、3#、4#、5# 和 6#，分别对 6 个试样微观结构进行表征。

二、SEM 断面形貌分析

1# 试样表面孔洞分布及纤维排列情况，如图 3-45～图 3-48 所示。

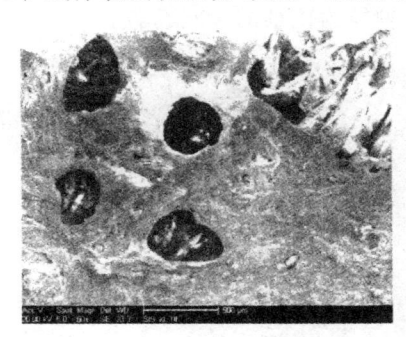

图 3-45　1# 试样表面 SEM 照片（50 倍放大） 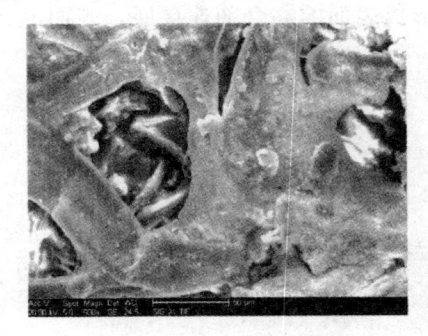　　图 3-46　1# 试样孔洞 SEM 照片（500 倍放大）

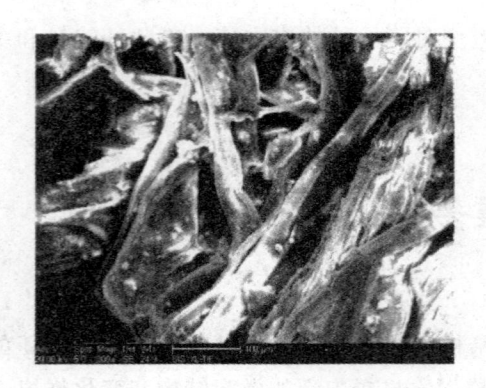

图 3-47　1#试样纤维 SEM 照片（200 倍放大）　　图 3-48　1#试样纤维 SEM 照片（500 倍放大）

从图 3-45 中可以明显看到 1#试样表面的孔洞，且有纤维状分布的连续形态，但放大 50 倍后可以看到泡孔并非完全均匀。图 3-46 为图 3-45 局部孔洞的 500 倍放大图，在此图中可以看到木质纤维之间互相交结形成叠层，并且木质纤维表层分布着淀粉及 PVA 胶黏剂，将纤维之间黏结在一起，表面的颗粒为滑石粉填料。图 3-47 和图 3-48 分别为 1#试样纤维的 200 倍和 500 倍放大图，在此可以更清晰地看到 1#试样内部纤维的形态及纤维间互相黏附形成空间网状的形貌，在放大到 500 倍时，可以看到纤维表面分散着滑石粉微细颗粒，它对纤维的强度起到补强的作用。

2#试样的表面形貌可由图 3-49 清楚地看到，试样表面分布着泡孔，但泡孔的分布不够均匀，其泡孔的尺寸也存在差异，透过较大的泡孔可以看到内部纤维交错排列。图 3-50 是对图 3-49 中较大的孔洞的 200 倍放大图，能够更清楚地看到泡孔周围纤维和胶黏剂的连接状态，以及泡孔间的分层结构。图 3-51 为孔洞内纤维结构的 500 倍放大图，可以看到木质纤维之间交错的排列方式，以及纤维间通过胶黏剂黏合的状态，也可以看出 2#试样胶黏剂用量较大，导致纤维间的孔隙内部被胶黏剂填满，且胶黏剂内有部分微小的淀粉颗粒分布。图 3-52 是试样表面没有孔洞部分的 200 倍放大图，由于胶黏剂用量较大，已形成表面的黏合剂连接层，表面上部分较大的颗粒为微细的滑石粉颗粒。

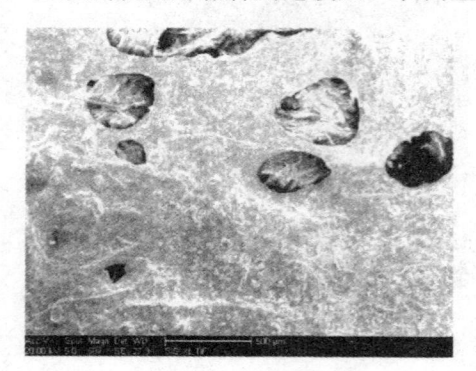

图 3-49　2#试样表面 SEM 照片（50 倍放大）　　图 3-50　2#试样孔洞 SEM 照片（200 倍放大）

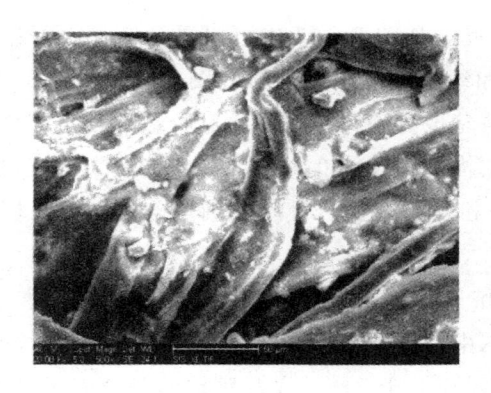

图 3-51　2#试样纤维 SEM 照片（500 倍放大） 　　图 3-52　2#试样表面 SEM 照片（200 倍放大）

3#试样组分中添加了 VAE，且只添加了 $NaHCO_3$ 一种发泡剂，从图 3-53 和图 3-54 可以看出，材料表面密度较大，泡孔较小且材料表面平整性较差，局部 500 倍放大后可以看到滑石粉颗粒的堆积，以及胶黏剂内部也存在部分微小的淀粉颗粒。图 3-55 和图 3-56 为断层内的纤维分布情况的 SEM 照片，试样组分中木质纤维成分较少，木粉比例稍大，因此，可以看到较宽的纤维，且纤维间互相交错，VAE 均匀分布在纤维的表面，增强纤维与水的阻隔，起到防潮的作用。

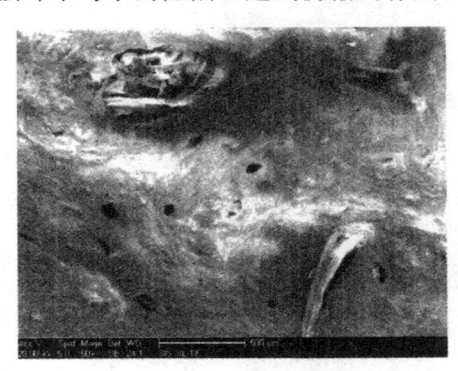

图 3-53　3#试样表面 SEM 照片（50 倍放大） 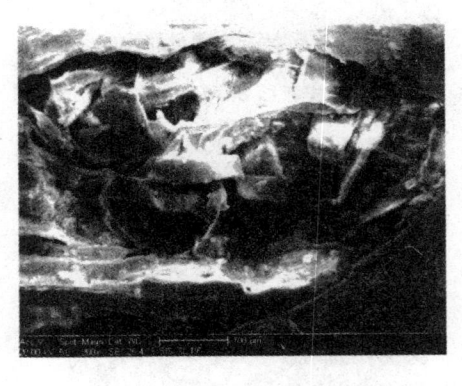　　图 3-54　3#试样局部 SEM 照片（200 倍放大）

图 3-55　3#试样断层内纤维 SEM 照片（500 倍放大） 　　图 3-56　3#试样无孔洞处 SEM 照片（500 倍放大）

4#试样中增加了木质纤维的组分比例,因此,从图3-57中可以看到断面上纤维分布较好,纤维呈较为规则的网状分布,且纤维和纤维之间相互连接。图3-58～图3-60为断面处200倍和500倍的局部放大,可以更清楚地看到纤维之间通过胶黏剂相互黏结在一起,纤维形态较好并互相交错形成网状多孔结构。图3-60为局部500倍放大后胶黏剂的分布及黏合状态,4#试样内部不均匀的滑石粉颗粒较少,且胶黏剂均匀性较好,能够保证纤维间的相互黏结。

由图3-61～图3-64可以看出,5#试样和6#试样的内部结构相似,相容界面有发泡的孔洞分布,且不够规则,在200倍的放大图中,硼砂交联剂的分布不够均匀,这导致表面出现分布不规则和不均匀的连续相,6#试样相对于5#试样胶黏剂的黏合效果更好,且分布均匀,表面滑石粉颗粒较少且均匀,纤维的分布更为规则,且黏结效果较好。

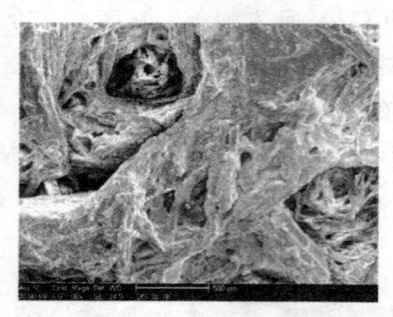

图3-57 4#试样断面SEM照片(50倍放大) 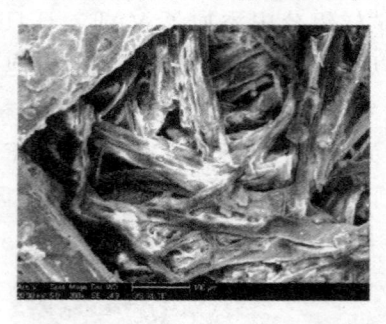　　图3-58 4#试样局部SEM照片(200倍放大)

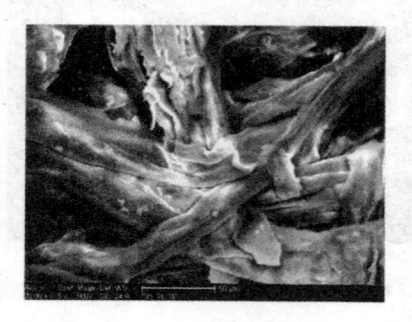

图3-59 4#试样局部SEM照片(500倍放大) 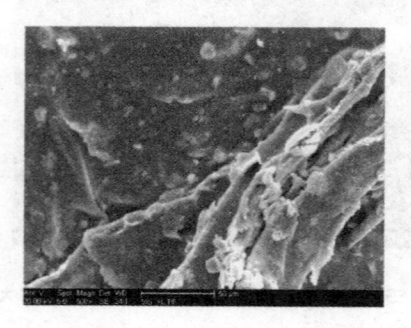　　图3-60 4#试样局部SEM照片(500倍放大)

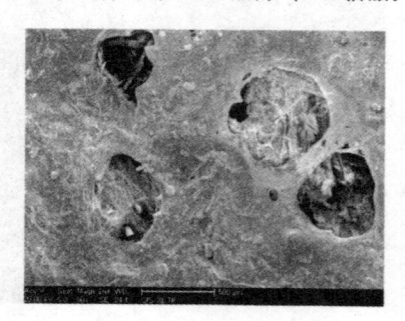

图3-61 5#试样局部SEM照片
(50倍放大)

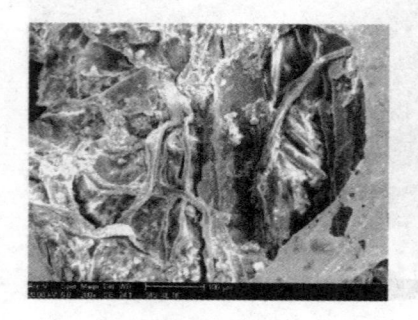

图3-62 5#试样局部SEM照片
(200倍放大)

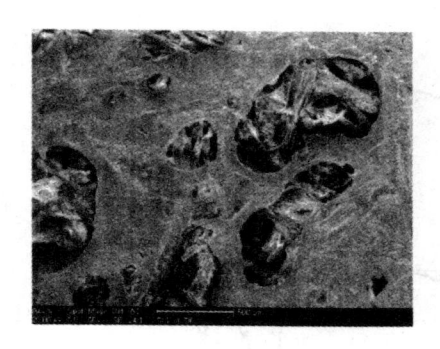

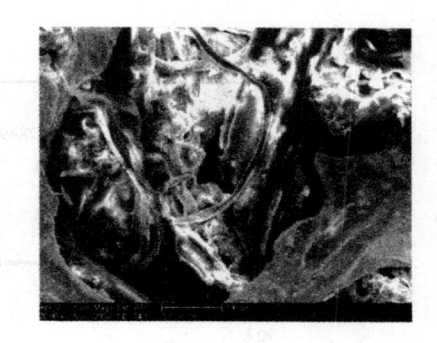

图 3-63　6♯试样局部 SEM 照片（50 倍放大）　　图 3-64　6♯试样局部 SEM 照片（200 倍放大）

三、FTIR 测试结果分析

采用 FTIR 测试 6 个试样的红外光谱图，进一步分析木质剩余物纤维缓冲材料的分子结构，扫描范围 400～4000cm^{-1}，采用 Thermo Nicolet Omnic 软件进行光谱分析，1♯～6♯试样的红外光谱图如图 3-65 所示，在此可以观察到 6 个试样分子结构的显著差别，分析得到 1♯和 3♯试样结构相似，2♯、4♯和 6♯试样结构相似。

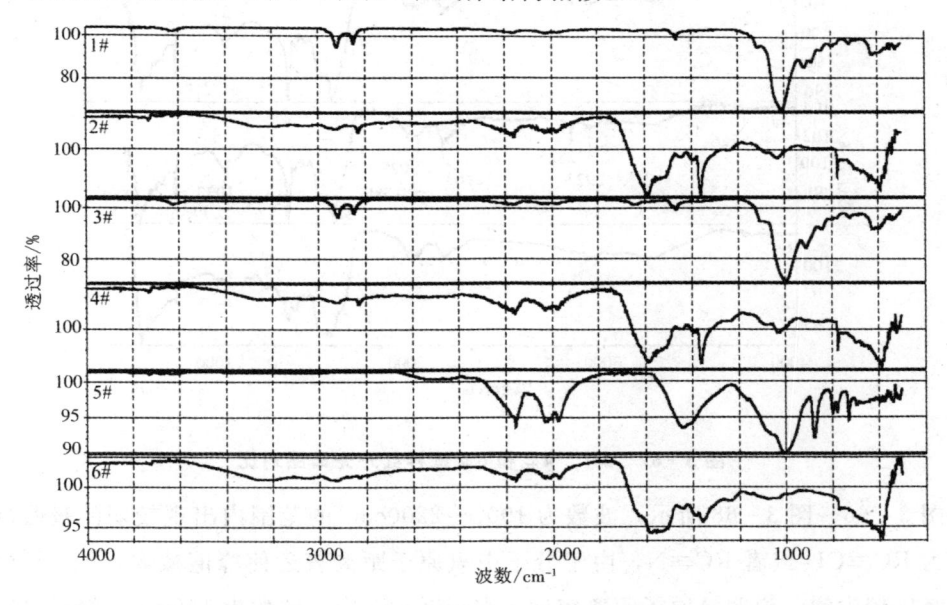

图 3-65　1♯～6♯试样的红外光谱图

由图 3-66 的对比情况可以看出，1♯和 3♯试样的分子结构几乎完全相同，在波数 2849cm^{-1} 和 2919cm^{-1} 附近分别出现两个峰值，此处初步确定由—CH$_2$—的反对称伸缩振动和对称伸缩振动而产生的，或者为—CH$_3$ 的反对称伸缩振动和对称伸缩振动而产生的，同样在 2♯、4♯和 6♯试样上也出现了 2825cm^{-1} 和 2923cm^{-1} 两个小吸收峰，如图 3-67 所示，它们同样应该由—CH$_2$—或—CH$_3$ 伸缩振动而产生的，但是 5♯试样在此处无吸收峰。

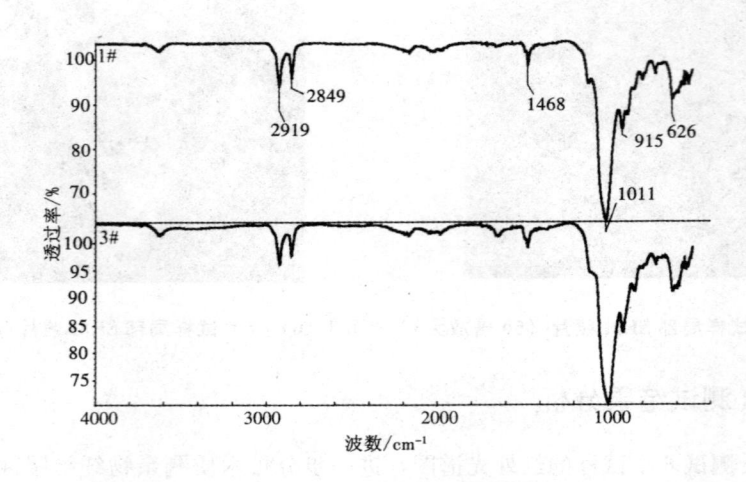

图 3-66　1#和3#试样红外光谱图对比

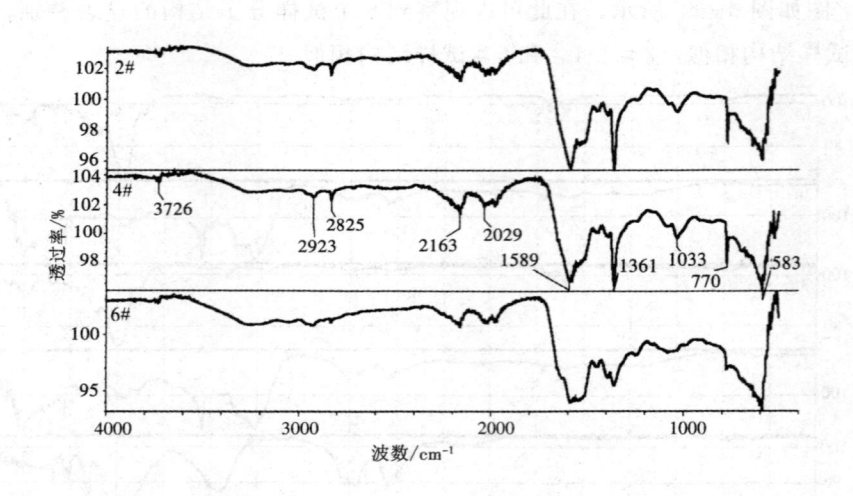

图 3-67　2#、4#和6#试样红外光谱图对比

如图 3-66~图 3-68 所示，波数为 1900~2200cm^{-1} 的范围内出现较弱的吸收峰，分析应该为 RC≡CH 或者 RC≡N，由于分子中氧原子距离较近使峰值减弱，但 5#试样此处吸收峰比较尖锐，说明氧原子距离较远。在图 3-67 中，波数为 1589cm^{-1} 附近出现了较强的吸收峰，此处吸收峰应该是由 C=C 键伸缩振动引起，以及由于组分中包含偶氮二甲酰胺发泡剂而使分子内存在酰胺 —$\overset{\overset{O}{\|}}{C}$—NH 的特征峰，该吸收峰在 2#、4#和6#试样中尖锐且振动能力突出。同样，在 1361cm^{-1} 处出现的吸收峰与 1589cm^{-1} 处出现的吸收峰类似，是由于酰胺基—CONH—的存在而引起的。在图 3-66 和图 3-68 中，分别出现了 1468cm^{-1} 和 1438cm^{-1} 的特征峰，该峰应该由烷基—CH$_3$ 或—CH$_2$ 所引起，在图 3-66~图

3-68中，分别在1008cm^{-1}、1011cm^{-1}和1033cm^{-1}处出现较明显的吸收峰，说明材料中含有大量的C—O和C=O基团，这主要是由组分中含有的大量纤维素所引起的。图3-67中583cm^{-1}较强的吸收峰推断为组分中的某种卤代烃基团伸缩振动所引起的，材料组分中所采用的主要为有机助剂，仅发泡剂NaHCO$_3$、交联剂Na$_3$BO$_3$和滑石粉Mg$_3$（Si$_4$O$_{10}$）(OH)$_2$等为无机助剂，因此可能为有机硅的化合物Si—X所引起的，也可能是组分中木质素的C—C—C基团所引起的。图3-67中的3726cm^{-1}处出现的较弱的吸收峰说明组分中含有氨基。另外，图3-66指纹区部分排列的626cm^{-1}和915cm^{-1}的吸收峰说明分子结构中包含烯烃RCH=CH$_2$和炔烃RC≡CH，以及图3-66和图3-68中的878cm^{-1}、722cm^{-1}、799cm^{-1}和770cm^{-1}等都是由C—H键的弯曲振动引起。

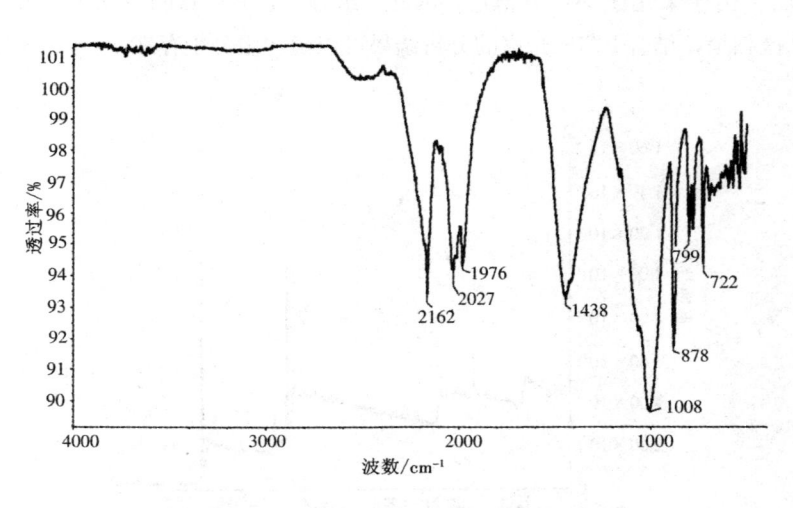

图3-68　5#试样红外光谱图对比

四、XPS测试结果分析

XPS技术对固体材料表面存在的元素极为灵敏，优良的非结构破坏性测试能力和可获得化学信息的能力使得XPS技术成为表面分析的极有力工具。本测试主要对木质剩余物纤维制备的6种试样进行表面元素分析，并结合FTIR分析其官能团的形式。

实验中分别测试6种试样的全扫描谱（survey scan）以初步判定表面的化学成分，全谱能量扫描范围一般取0～1200eV，几乎所有元素的最强峰都在此范围之内。由于各种元素都有其特征的电子结合能，因此在能谱中有它们各自对应的特征谱线，全扫描谱一次就可出全部或大部分元素。由全扫描谱的结果可以得到所研究的材料中主要元素是碳（C）和氧（O），而后对C和O进行窄区扫描（narrow scan or detail scan），获取结合能的准确位置，鉴定元素的化学状态和定量分析C和O含量。图3-69～图3-74分别为1#～6#试样XPS谱图，其中（a）图为全谱图，（b）图为C元素XPS谱图，（c）图为O元素XPS谱图。

图 3-69～图 3-74 中，能谱图的横坐标为元素的特征 X 射线吸收峰的结合能，与元素种类有关；纵坐标为脉冲数，即收集的 X 射线光子数，谱峰的高度与分析的元素含量有关，但非正比关系。由每个图中的（b）图可以分析试样中 C 元素的结合能值，对 C 元素来说与自身成键（C—C）或与 H 成键（C—H）时，C1s 光电子峰的结合能约为 285eV。当用 O 原子置换 H 原子后每一 C—O 键中 C1s 光电子峰均有约（1.5±0.2）eV 的化学位移。由所对应的峰值情况及 FTIR 光谱的分析结果可以确定，组分中含有 C—H、C—N、C—C、C—O—H、C—O—C、C=O 等官能团。由每个图中的（c）图可以分析试样中 O 元素的结合能值，O1s 的结合能对绝大多数官能团来讲都在（533±2）eV，由所对应的峰值情况及 FTIR 光谱的分析结果可以确定，组分中含有 C=O、O—C=O、C—O—C、H_2O 等官能团。由于采用了 AC 发泡剂，因此，组分中含有少量的 N 元素，由于含量较少没有单独进行窄区扫描，结合 FTIR 光谱的分析结果可以确定组分中存在—CN、—NH_2、—NO_2 等官能团。

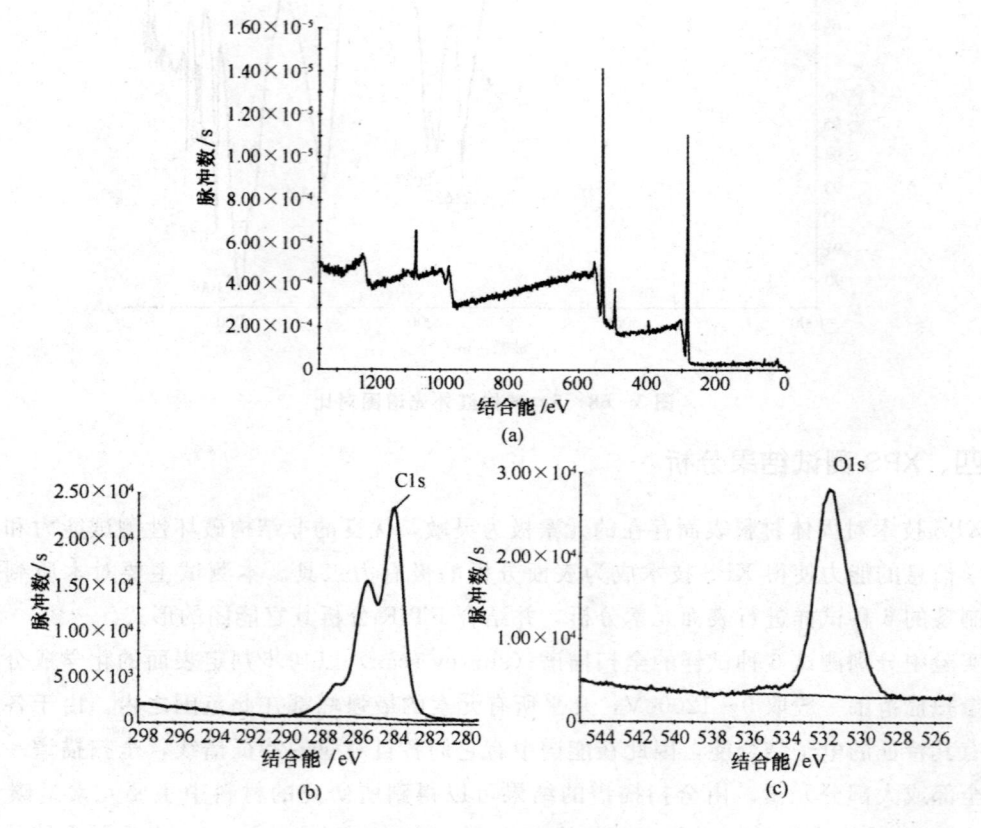

图 3-69　1#试样 XPS 谱图

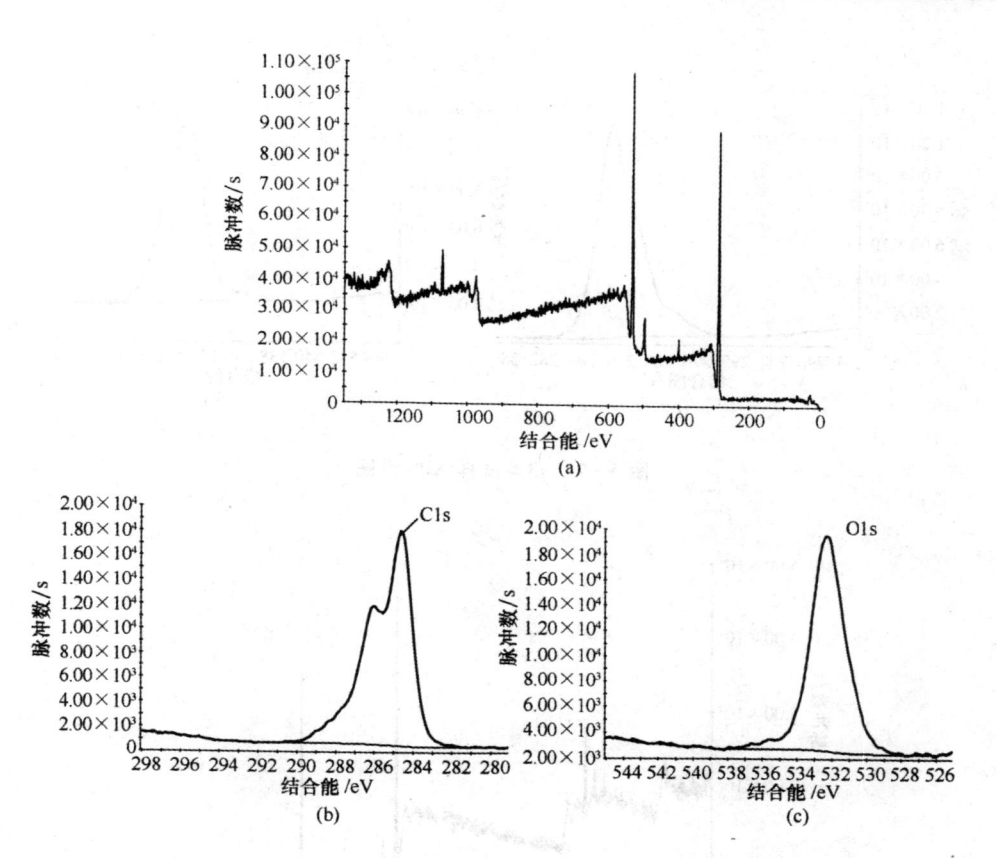

图 3－70　2♯试样 XPS 谱图

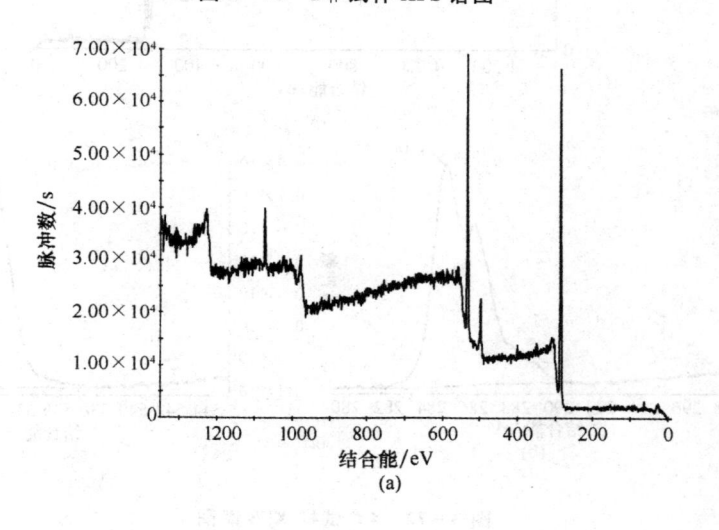

图 3－71

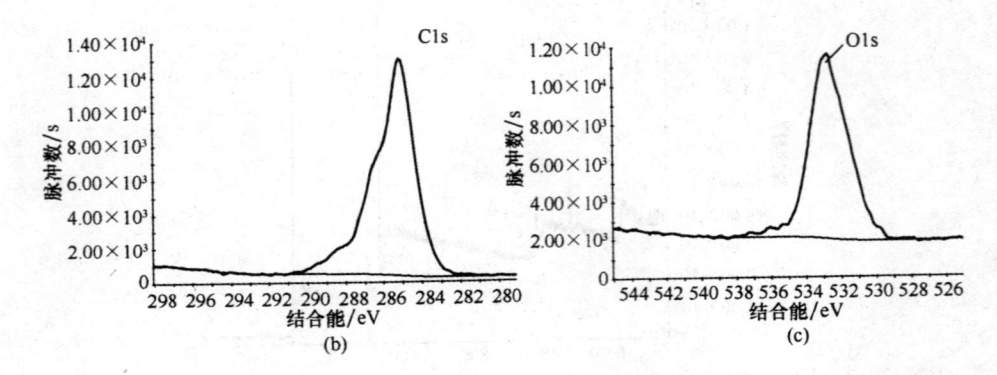

图 3-71 3#试样 XPS 谱图

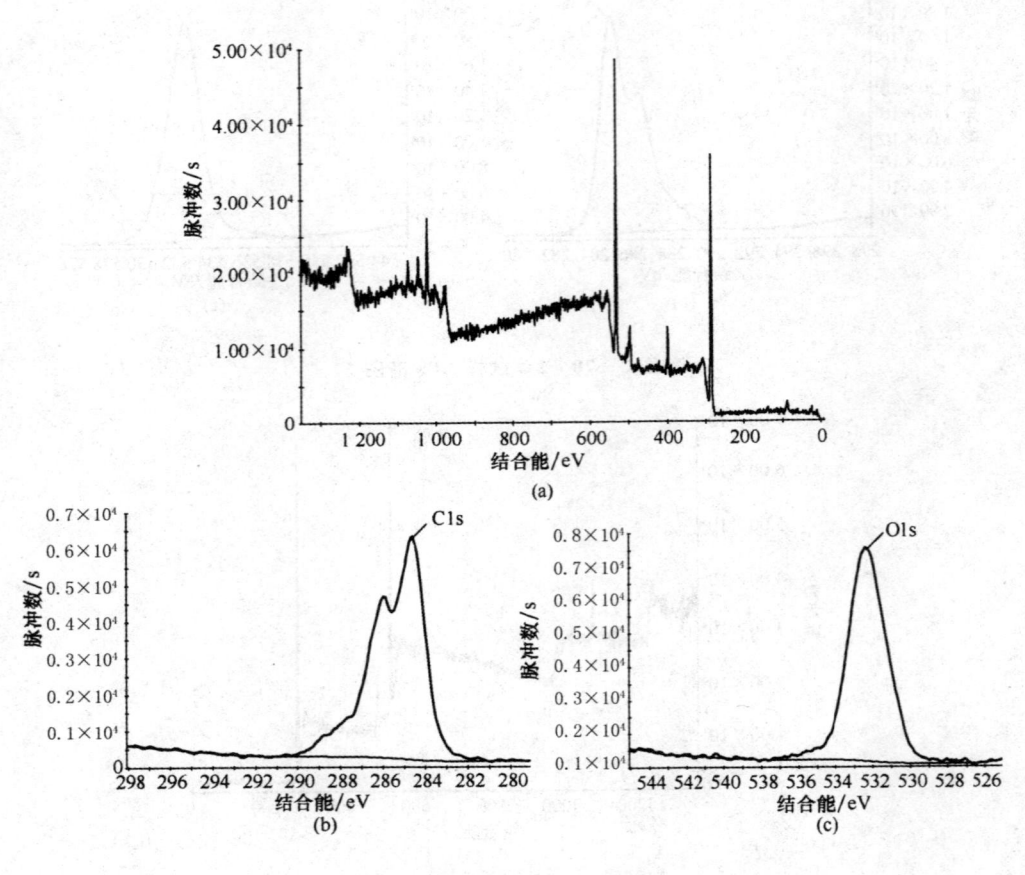

图 3-72 4#试样 XPS 谱图

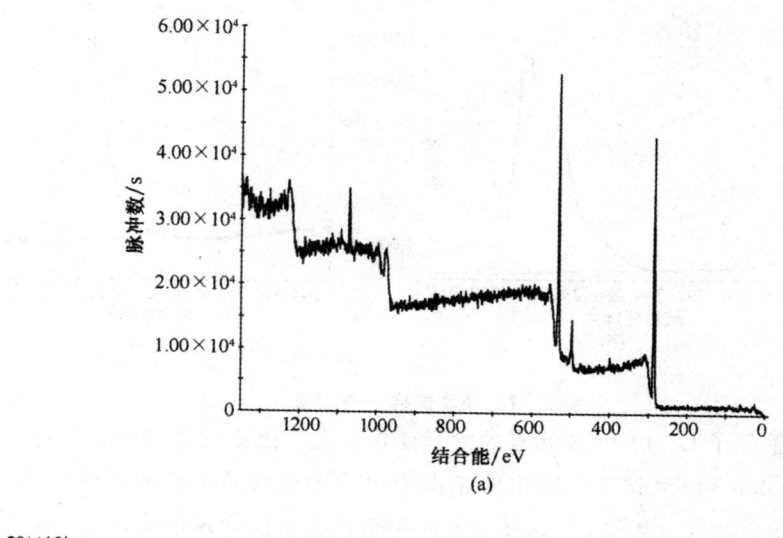

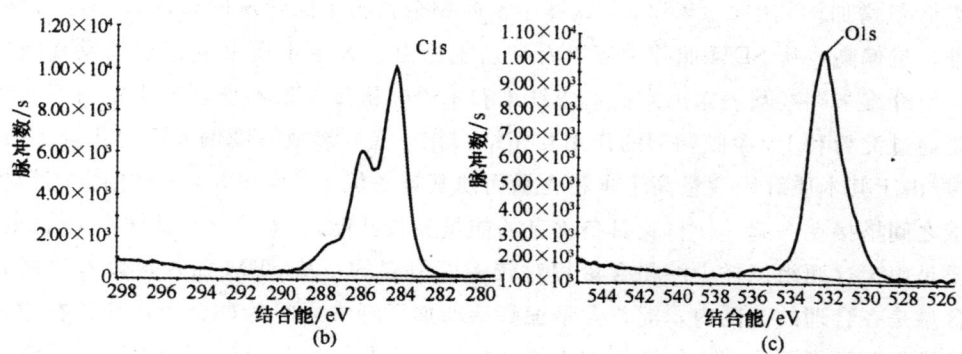

图 3-73 5#试样 XPS 谱图

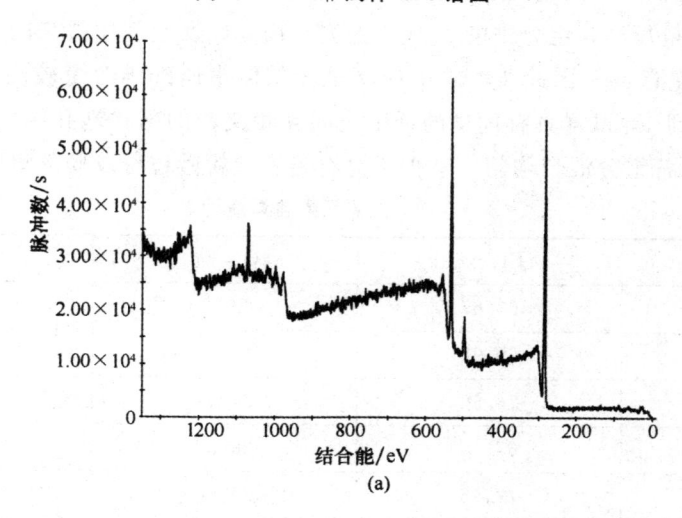

图 3-74

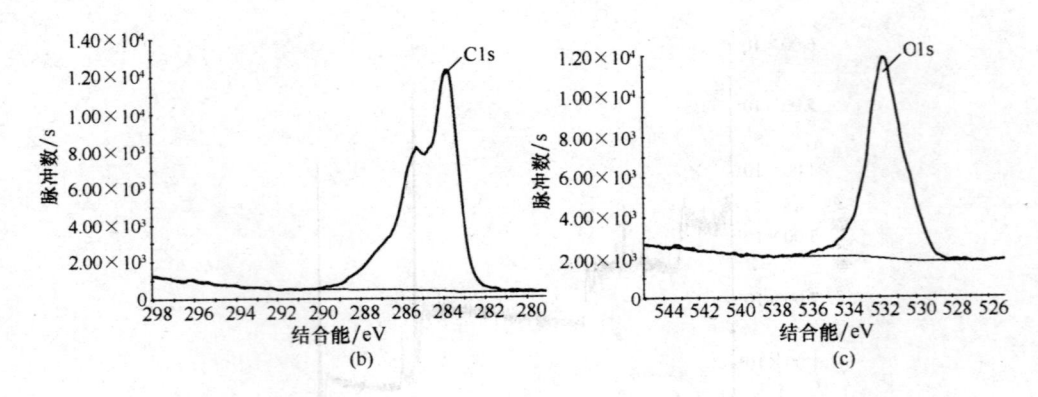

图 3-74 6#试样 XPS 谱图

表 3-18 中整理了 C、O 和 N 元素的含量变化情况,由测试结果可以看出,C 含量较多的样品为 3#、5# 和 6# 试样。这主要是由于组分中包含的木粉和木质纤维含量较高,导致 C 含量增加。其中,3# 和 5# 试样中木质剩余物粉末的含量偏高,而 6# 试样中的木质纤维含量偏高,从 SEM 照片中可以看到,木粉由于大量木质素的存在和没有经过打浆处理,使纤维末端羟基表露出来而造成纤维和木粉间桥接效果不佳,木质粉与木质纤维之间主要通过淀粉和 PVA 胶黏剂的作用互相结合在一起,形成密度偏大,泡孔微小的结构。6# 试样由于其木质纤维含量高于木粉含量而使其具备优于 1# 和 3# 试样的空间结构,木质纤维之间搭接在一起,使材料具备优良的能量吸收性能。1# 和 2# 试样中 O 含量较多,其主要是由于这两组试样中淀粉含量相对较多而引起的,从 SEM 照片可以看出所添加的淀粉含量是在合理的范围内,淀粉含量偏高后增加了纤维之间的黏合力,淀粉在组分中起到了纤维间胶黏剂的作用,使其能够更好地黏结在一起,组分中的淀粉包裹在纤维的外表面,但 2# 试样淀粉的预糊化处理不够均匀,导致胶黏剂中存在部分微细的淀粉颗粒。4# 试样的 N 元素含量最高,组分中的 N 元素主要是由 AC 发泡剂中得来的,6 组试样中 4# 试样的发泡剂含量最高,因此 4# 试样 C 含量较低但木质纤维含量较高。因此,从 SEM 照片中也可以看到 4# 试样具有优良的纤维之间互相交错的网状泡孔结构,且从混合工艺分析,4# 试样中各组分混合均匀,减少了滑石粉和淀粉微粒可以局部集中的现象。

表 3-18 主要元素含量统计表

试样	C1s/%	O1s/%	N1s/%
1#	68.67	29.2	2.13
2#	69.98	27.36	2.66
3#	73.59	24.19	2.22
4#	67.16	26.32	6.52
5#	72,5	25.66	1.84
6#	73.54	23.97	2.49

五、TGA 测试结果分析

热重分析（thermal gravimetric analysis，简称 TGA）是在程序控温下，测量物质的质量随温度（或时间）的变化关系。对于材料的热稳定性、组成以及热反应变化进行有效表征。热失重曲线的纵坐标为质量剩余百分数（％），横坐标为温度（℃）或时间（min），以此来表示样品的重量或重量分数随温度或时间的变化曲线。曲线陡降处为样品失重区，平台区为样品的热稳定区。本测试完成了对 1#～6# 试样的 TGA 测试，得到的热失重曲线如图 3-75～图 3-80 所示，每个图中左侧为热失重过程图，右侧为热失重率的分析。分析图中有两个纵坐标，左侧纵坐标 TG 代表失重率，右侧纵坐标 DTG 是质量随时间的变化率（dm/dt）与温度的函数关系，是 TG 曲线对温度的一阶导数。DTG 曲线是热失重速率的峰形曲线，它能精确反映样品的起始反应温度，达到最大反应速率的温度（峰值）和反应终止温度。

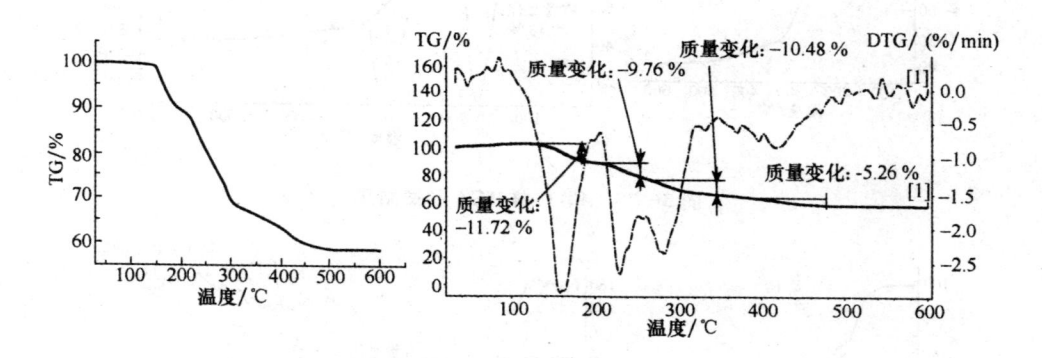

图 3-75　1# 试样 TGA 测试结果

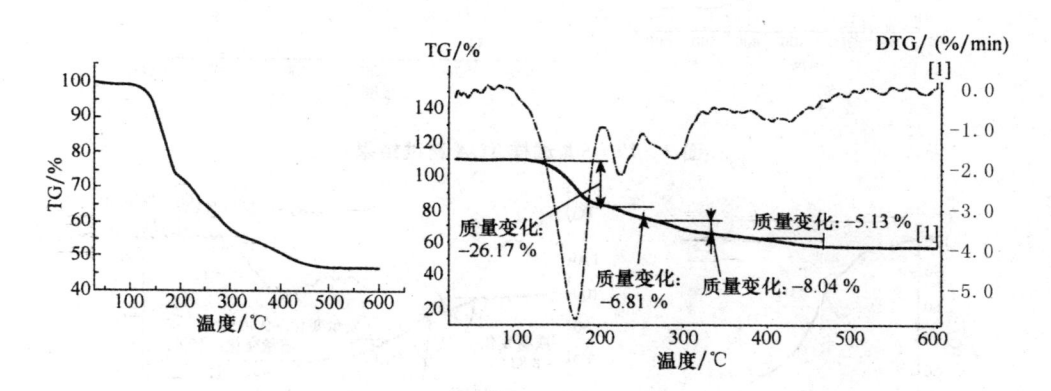

图 3-76　2# 试样 TGA 测试结果

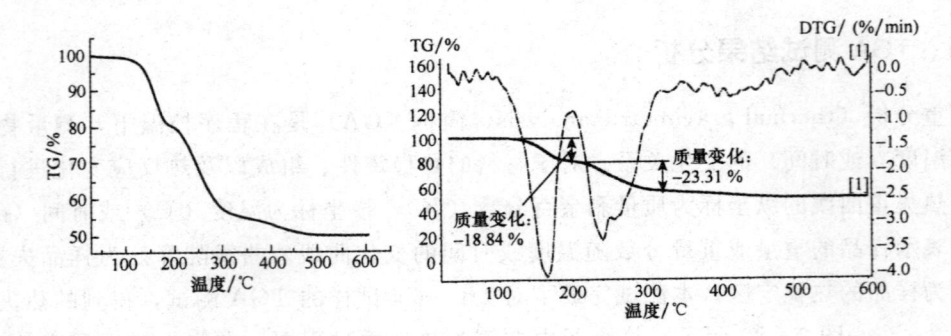

图 3-77　3#试样 TGA 测试结果

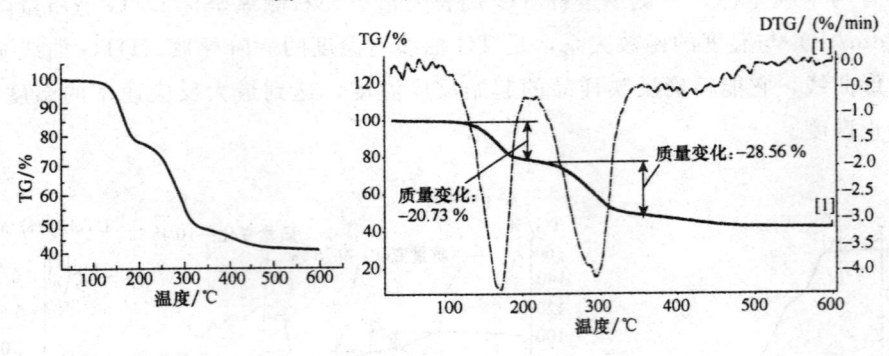

图 3-78　4#试样 TGA 测试结果

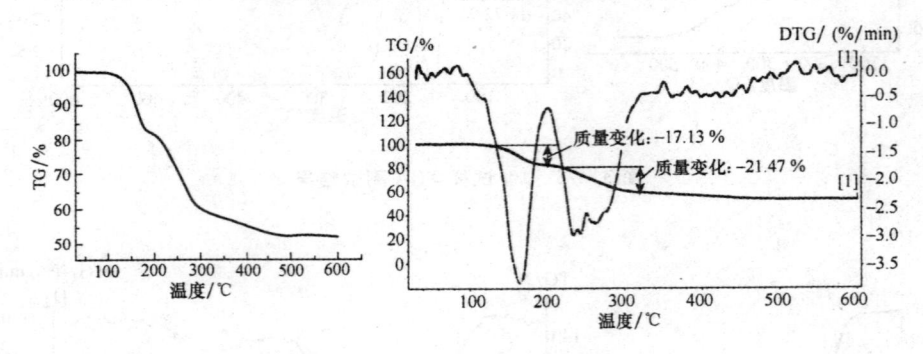

图 3-79　5#试样 TGA 测试结果

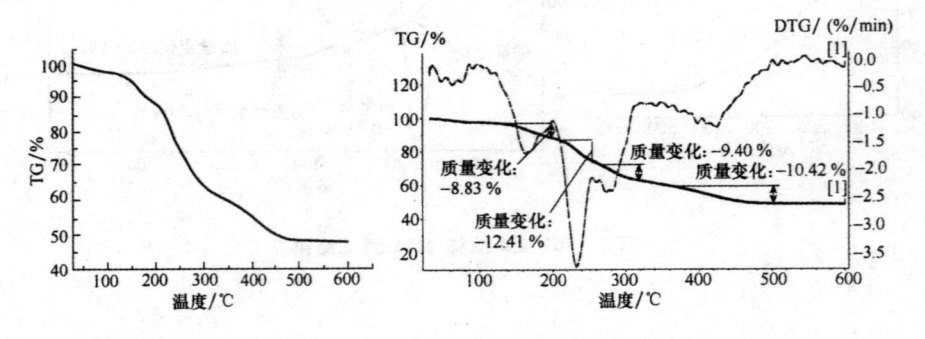

图 3-80　6#试样 TGA 测试结果

从测试结果可以看出，6个试样的失重率以及热稳定性存在差异，每幅图中右侧的失重率的分析图已经对试样的失重区进行划分并计算了失重率。为了方便分析见表3-19，按照30～200℃、200～400℃及400℃以上的残留率进行统计，1#～6#试样都为30～200℃出现一个失重峰值，此过程主要是由于失水引起的较大的重量损失，与试样自身的含水率有直接关系，1#和6#试样含水率较低，因此在30～200℃下的失重率相对较低，而2#试样在此温度区间失重率最大，说明2#试样含水率较高。

在200～400℃区间出现多个较明显的失重峰值情况，这主要是由于试样组分中以木粉和木质纤维为主。其中的半纤维素和纤维素在此温度区间发生分解，纤维素的热解温度约为300～400℃，半纤维素的热解温度约为200～300℃，而木质素的热解温度范围比较宽，从210℃开始发生热解至900℃时热解反应结束，因此在200～400℃的范围内出现较大失重情况，6个试样的失重率为21%～33%，这与组分中木质剩余物纤维的含量有关。

表3-19 失重率统计表

试样	30～200℃失重率/%	200～400℃失重率/%	残留率/%
1#	11.13	25.83	45.57
2#	27.10	21.31	37.36
3#	20.01	27.17	38.66
4#	21.43	32.63	41.04
5#	17.95	26.64	39.04
6#	11.78	32.61	35.55

从测量结果看，400℃以后失重率趋于平缓，说明试样中的主要成分已经基本完成分解，此阶段为木质剩余物纤维的碳化阶段和PVA胶黏剂的热解阶段。热解反应完成后，6个试样剩余物残留率情况如表3-19所示，6个试样的残留率分别为35%～46%，残留率较大说明木质剩余物纤维有较好的热稳定性。从30～400℃的失重率看，4#试样的失重率最大，达到32.63%，而1#试样的失重率最小，仅为11.13%；从热分解后的残留率看，1#试样的残留率最高，达到45.57%，而6#试样的残留率最低，仅为35.55%，其原因在于6#试样的组分中PVA含量相对较高，导致400℃之后仍然继续产生32.61%的失重率。综合TGA测试的结果来看，1#试样的热稳定性是最好的，4#试样中木质素和半纤维素含量相对较多导致400℃以内热稳定性最差。TGA的测试结果为进一步研究木质剩余物纤维材料的温度适用性奠定了基础。

第四章 绿色包装印刷材料

随着人类环境保护意识的不断提高,绿色环保成为 21 世纪的发展主题,包装印刷产品作为渗透人类生活最广泛的产品之一,在 21 世纪的"绿色"大潮中,必然成为人类关注的焦点。近年来,许多国家已在包装印刷方面增加了许多卫生、环保方面的要求和制约条件,目前发达国家基本已不再用溶剂型的印刷材料,并研究开发和应用公害小、污染少的印刷材料,无公害的绿色包装印刷材料成为绿色包装发展的必然要求。

第一节 包装印刷材料的环境特性及绿色包装印刷材料的发展方向

一、包装印刷材料的环境特性

包装印刷中使用的各种承印材料、油墨和化学药品等都会产生挥发性有机化合物(volatile organic compound,简称 VOC),这既对人体造成危害,更会对环境造成污染。在包装印刷产品的整个生产过程中,使用的各种材料是非常广泛的,包括从印前制版中使用的各类感光材料、各种印版材料,到印刷过程中使用的承印材料(纸张、塑料、金属、玻璃、陶瓷等)、油墨材料,以及印后加工中使用的各种胶黏剂、上光覆膜材料等。这些材料在生产工艺的选择、原料配方等方面都与绿色环保关系密切。总体来看,目前在包装印刷材料中的环境污染问题主要有以下几个方面。

(一)印前处理方面

在印前处理中,主要是制版环节存在环境污染。特别是在照相制版中,需要使用多种化学溶液,其中的许多化学物质会给环境造成污染。例如,使用的铬胶感光材料是由重铬酸铵和亲水胶质组成,而重铬酸铵中的 Cr^{6+} 是世界公认的公害,已很少采用,但由于其成本低,目前我国一些小型包装印刷厂仍在使用铬胶版。另外,照相制版的残液里除了贵重金属外,还含有大量的有机化学成分,其排放既造成资源浪费,又污染环境。

(二) 印版材料方面

目前,虽然出现了无须印刷版的印刷方式,但印版仍然是印刷过程中的重要媒介物,在大批量印刷中普遍使用。印刷中需要各种各样的印版材料,其中,凸印使用的铅材料对人体存在危害。据调查,铅和苯是印刷业的主要职业危害因素,虽然目前在我国包装印刷中胶印已占据了主导地位,但还是有许许多多的乡镇及私营小型包装印刷企业仍在用铅印作业。

(三) 油墨材料方面

在包装印刷中,可以说油墨对环境的影响是非常大的,油墨对环境的污染除了油墨中微量有毒元素铅、铬、氯外,最主要的是能够挥发的有机溶剂(二甲苯、甲苯、醚等),既造成环境污染,又危害人体健康。在用于食品包装印刷时,油墨中对人体有害的成分还会直接危害食用者的身体健康。

(1) 油墨对人体的危害。印刷油墨中的重金属元素和有机溶剂会对人体造成严重损害。油墨中的颜料包括无机颜料和有机颜料两种,其不溶于水和其他介质,并具有鲜明的色泽和稳定性。有些无机颜料含有铅、铬、铜、汞等重金属元素,它们均具有一定毒性,不能用于印刷食品包装和儿童玩具。铅和铬的钼酸盐是对人体有害的物质,在英国、美国早已停止使用。有些有机颜料中含有合联苯胺,其中含有致癌成分。另外,含重金属的颜料微粒粉尘还是造成环境污染的重要原因之一,应以法规的形式限制其在油墨中的含量。

油墨连结料的主要成分是油(植物油、矿物油)、树脂、有机溶剂和辅助材料。其中的有机溶剂可溶解许多天然树脂和合成树脂,是各种油墨的重要组成部分(印刷油墨中常使用乙醇、异丙醇、丁醇、丙醇、丁酮、乙酸乙酯、乙酸丁酯、甲苯、二甲苯等有机溶剂)。有机溶剂直接影响油墨的质量和使用,但又是对人体健康造成危害的主要物质。印刷业是有机溶剂消耗量很大的工业之一。在欧洲每年要消耗17万吨有机溶剂,仅胶印就消耗6.6万吨。特别是在印刷油墨中使用了大量有机溶剂,这些挥发性有机化合物(VOC)几乎全部挥发排放到空气中,对大气造成污染,对人体健康产生危害。

有机溶剂会损害人体及皮下脂肪,长期接触某些溶剂会使皮肤干裂、粗糙;如果其渗入皮肤或血管,会随血液危及人的造血机能;溶剂气体被吸进气管、支气管、肺部或经血管、淋巴传到其他器官,可能引起肌体慢性中毒;残留的溶剂会迁移到食品中对人体造成危害。特别需要指出的是,在凹印油墨中使用的溶剂一般有丁酮、二甲苯、甲苯、丁醇等低沸点(高挥发性)、有臭味、有毒性的溶剂,其中苯是印刷中主要的职业危害因素之一,丁酮残留的气味很浓,必须将溶剂残留量控制到最低限度。

(2) 油墨对环境的污染。传统油墨挥发物为甲苯、二甲苯、乙酸乙酯等,全球每年用于包装的油墨消耗在10万吨以上,按20%的挥发物计算,每年排放到大气中的挥发物达2万吨以上,严重破坏了大气环境。由于油墨中的溶剂会不断挥发,尤其在油墨成膜时几乎全部挥发掉,既浪费资源,又污染环境,同时直接危害操作人员的身心健康,所以很多国家都对油墨中掺加的溶剂用量进行了限制性规定,如美国规定油墨中有机溶剂不得超过 25%。

(四) 承印材料方面

印刷中使用的承印材料非常广泛，其中，纸张是印刷行业耗量居第一位的消耗材料，纸张的环境特性主要涉及纸张的制造过程。国外造纸工业正向低污染或无污染的方向发展，而我国的造纸污染十分严重。对此，原国家轻工业局在规划发展中提出我国造纸工业结构调整总体思路："以市场为导向，以效益为中心，依靠科技进步，提高企业国内外竞争力，充分利用国际、国内两个市场、两种资源，加大利用外资力度，使造纸工业现有的规模小、技术落后、污染严重的状况得到改善，坚决走以林浆为主要原料、林纸一体化的纸业发展道路，大力发展速生丰产林造纸原料基地，促进原料结构和产品结构趋于合理，推进重点企业实现大型化和生产现代化，使环境污染基本得到控制，加速造纸工业的产业升级，实现可持续发展。"当务之急，我们还应该加强环保措施，综合治理纸张制造过程中所带来的环境污染。

造纸工业包括制浆和抄造两大生产过程，在制浆过程中可通过化学的、机械的方法将植物的纤维分离出来，再将排出的废液通过蒸发浓缩、燃烧苛化加以综合利用。其中的碱再回到制浆中，燃烧有机物产生的高压蒸汽可先用于发电，发电后的低压蒸汽可用于生产和生活。另外，众多的中、小草浆厂未得到有效监管，致使大量废水排入江河，造成严重污染，给社会和生存环境带来严重危害。为此，造纸工业应加大生产用水的再循环和生产过程的封闭度，并最终达到废水零排放。

鉴于本书介绍的是新型绿色包装材料，加之承印材料种类繁多，涉及的环境污染问题非常广泛，因此对于其他承印材料的环境污染问题在此不再赘述。

(五) 其他方面

包装印刷中还要用到诸如胶辊、橡皮布、润版液、清洗液以及印后加工材料（上光、覆膜材料等）。排放清洗油墨的清洗液及胶印润版液会造成水质污染，油墨容器等产品弃物以及印刷品油墨中残余的溶剂挥发会污染环境。印刷中经常用到的清洗剂主要是氟氯烷溶剂（又称氟里昂），这种溶剂具有良好的溶解性、不燃性、化学稳定性和挥发性，干燥快，故被广泛应用于印刷业。但氟里昂是破坏臭氧层的主要物质，一个氯分子能破坏 1 万～10 万个臭氧分子。印后加工工艺中的上光、涂布材料也存在有机溶剂挥发带来的危害问题。

二、绿色包装印刷材料的发展方向——发展绿色包装印刷油墨

由于现代社会已发展到凡商品必须要包装，凡包装必然要印刷的程度，因此发展绿色环保包装，必然要研究绿色包装印刷。包装印刷的绿色化是指在包装印刷材料的选择、印刷、印后加工，以及包装印刷产品的使用、回收全过程中，要做到绿色环保。从前面对包装印刷材料的环境特性分析来看，提高包装印刷的环境性能，包装印刷材料是尤为重要的方面，即在材料供应链上必须首先做到环保。研究节能、低耗、无毒、无污染、复用、易

降解、高功能的无公害包装印刷材料是实现包装印刷绿色化的重要组成部分。

从前面对包装印刷材料环境特性的分析不难看出，包装印刷造成环境污染的主要因素从表面上看是承印物，而实质上是油墨。油墨不仅在制造，而且在印刷厂应用以及印刷产品使用过程中都会存在或发生同油漆类似的环境污染问题。特别在复合包装材料中，引起异味的最主要原因是来自油墨中的溶剂残留。因此，油墨作为印刷行业消耗量居第二位的材料，是影响包装印刷环境特性的主要因素。从这个意义上讲，研究和发展绿色包装印刷油墨应是绿色包装印刷材料的发展方向。

三、新型绿色包装印刷油墨

由于全世界对环境保护的要求日益严格，油墨产品受到了绿色生产（清洁化生产）及绿色产品理念的巨大冲击。绿色包装印刷油墨是指由纯天然材料组成，并要求流动性好、干燥性适宜、附着力好、色泽鲜艳、透明度良好的油墨。从油墨的环境特性看，要想从根本上改善油墨对人体及环境的影响，必须从改变油墨的组成入手，选择无毒、低毒或无污染作用的物质作为配方组分的材料，即尽量采用环保型材料来配制新型的绿色环保油墨。

选择无毒、低毒或不直接产生污染物质的材料作为油墨配方组分是制造"绿色"油墨的关键。首先，在油墨用的树脂方面，可以选择合成的，也可以选择天然的，但必须是不直接参与产生污染环境的化合物。其次，在溶剂方面由于挥发性有机化合物对环境产生危害，所以国外对包装方面用的油墨较普遍地采用以水为基本组分的油墨溶剂。对于传统的有致癌危险的苯型包装印刷油墨，在包装印刷、复合及储存迁移过程中，其有机物挥发排放受到越来越严格的限制，无毒、低毒的醇溶和水溶油墨作为绿色油墨已成为一种趋势。绿色环保的印刷时代，用水基油墨（水性油墨）取代溶剂型油墨已成为必然，油墨材料正朝着高性能环保的方向发展。另外，在英、美等国，出于环境保护，在油墨配方中使用油类，主要选择植物油，因为植物油是从各种植物种子中获得的，并且被认为是可以再生重新使用的物质资源（再生资源）。在美国，不少用户均要求使用含植物油的油墨。再有，世界许多国家为了减少或消除挥发性有机化合物排放到大气中，正积极研究和推广使用无溶剂排放的紫外线和电子束固化油墨。总之，油墨的发展方向是朝着水性绿色油墨、无溶剂型光固化油墨、适应不同新材料的特种环保油墨、引入纳米材料形成减量的高性能油墨发展。目前，绿色环保油墨主要是水性油墨和 UV 油墨两大类。

另外，在包装产品印刷过程中大多数产品都要进行复合加工，目前我国多采用溶剂型聚氨酯双组分复合胶，在使用中有有机挥发物排出，使用后清洗不便，其发展方向是向水基型复合胶发展。目前，国外已开发用水基包装涂料代替 PE 膜，直接涂于基材上，成本低，环境性能好。我国已开发有水基涂料型上光剂，可直接在印刷机上使用。在包装印刷产品的印后加工中，UV 上光材料也是值得进一步研究和推广的。UV 上光材料对空气污染小，几乎不含溶剂，有机挥发物排放量极少，上光后产品不含对人体有害的物质，其印刷品的废弃物可以回收重新造纸，解决了传统覆膜纸基不便于回收的环境污染难题。但目前紫外上光油如需达到很高的光泽效果，会对环境造成一定的影响，因而在国际上受到一定限制。

第二节　水性油墨材料

水性油墨作为一种新型绿色包装印刷材料，其最大的优点是不含有挥发性有机溶剂，它的使用降低了有机挥发物（VOC）的量，不会损害油墨制造者和印刷操作者的健康，改善了环境质量。同时，水性油墨没有溶剂型油墨中某些有毒、有害物质在印刷品中残留，具有无毒、无刺激气味、无腐蚀性的优良特性，不会对包装商品造成污染，可广泛地应用于卫生条件要求严格的包装印刷产品。因此，水性油墨的使用在很大程度上改善了周围环境和印刷作业环境，改善了溶剂型油墨对包装物品的污染，有利于节约石油资源，被称为是一种新型的"绿色"包装印刷材料。

一、水性油墨的组成及其对油墨性能的影响

印刷油墨由颜料、连结料和添加剂三大成分组成。油墨中的液体成分称为连结料，连结料是把颜料黏接在承印材料上的物质；油墨中的固体成分是颜料及各种助剂。印刷油墨根据干燥方式的不同，可粗分为渗透干燥型（如新闻纸印刷、瓦楞纸印刷、纺织品印刷）、挥发干燥型（如照相凹版印刷、丝网印刷、柔性版印刷等）、氧化结膜型（如胶印）和辐射化学干燥型（如紫外线固化、电子束固化等）几种类型。其中，挥发干燥型油墨的连结料中所含的溶剂成分较大，将这种油墨称为溶剂型油墨，同时根据其所使用溶剂的不同又分为水基型（水性）和溶剂型两种。

水性油墨是指选择特定的水性高分子树脂（如水基型丙烯酸改性树脂、水基马来酸松香树脂、聚乙烯醇、乳胶、羟基甲基纤维素等）、颜料、水（分散连结料），并添加助溶剂（乙醇、丙醇、异丙醇、乙二醇等）经物理化学过程混合而制备的油墨。水性油墨简称为水墨（柔性版水性墨也称液体油墨）。溶剂的不同是水性油墨与溶剂油墨的最大区别。水性油墨是用水（有的含少量醇、氨等）作为溶剂，油墨转印到承印物（纸张）后，水分挥发到环境中或渗入承印物中，油墨随水分的挥发而干燥。

溶剂型油墨用有机溶剂（如醇、酯、酮、苯类）来溶解油墨中的树脂连结料，油墨转印到承印物（纸张）后，溶剂挥发到环境中或渗入承印物中，油墨随溶剂的挥发而干燥。有机溶剂一般有较浓的气味，对环境有污染，对人体有一定毒害，并且这种油墨有一定的火灾隐患。

（一）水性油墨的颜料

颜料能赋予油墨颜色，满足印刷对色彩的要求。印刷油墨中使用的有色材料通常都是

颜料，也有用一些染料的。颜料和染料都是颗粒状极细的有色物质。颜料一般不溶于水，也不溶于连结料，在溶液中大部分呈悬浮状态；染料一般在连结料中是可溶的。颜料的种类和制造过程不同，其表面性质如极性、酸性、碱性也不同。

油墨的相对密度、透明度、耐光性、对化学药品的耐抗性等都与颜料有关，鉴于水性油墨大多使用碱溶性树脂，所以水性油墨大部分是碱性的，并常用醇类，所以其颜料应选择耐碱性的颜料。同时，包装材料需要色彩鲜艳、着色力强的颜料，如在高水平的柔性版印刷中，使用高网线的网纹辊传输油墨，因而转移的油墨量较少，印刷品的墨层薄。为获得色彩艳丽的印迹，水性油墨的颜料必须选用化学稳定性良好、具有高强度着色力、在水中分散性较好的颜料。另外，有时为了提高油墨的色强度和改善黏度，也可以使用染料。

根据上述原因及水性墨主要靠颜料着色的特点，通常选用色泽鲜艳的有机颜料作为水性油墨的颜料，如金光红、酞菁蓝、联苯胺黄、永固黄等。另外，白色选用钛白粉，黑色选择高色素炭黑。目前，国产颜料的吸油值普遍偏高，不适用于水性体系。常用水性油墨颜料的主要商品牌号及特性见表4-1。

表4-1 常用水性油墨颜料的主要商品牌号及特性

牌号	名称/结构类型	颜料含量/%	牌号	名称/结构类型	颜料含量/%
Yellow H4G-PVP 2087	黄151/苯并咪唑酮类	90	Red HF2B-PVP 2012	红208/苯并咪唑酮类	80
Yellow HR-PVP 2011	黄83/联苯胺系双偶氮	80	Violet-PVP 2089	P. V. 25/二嗪类	80
Pink E-PVP 2088	红202/喹吖啶酮	85	Blue B2G-D	蓝15：3/CuPc	80
Carime HF4C-PVP 2040	红158/苯并咪唑酮类	80			

需要指出的是，由于不同的印刷方式、不同的承印材料对油墨性能的要求是不同的，因而在颜料的选择上还需要区别对待。

（二）水性油墨的连结料

水性油墨采用水性连结料，水性连结料由水、水溶性树脂、胺类化合物及其他有机溶剂组成。其中，树脂是水性油墨中最重要的成分，是水性油墨配制的关键，水性油墨的性质主要取决于水溶性树脂，它对油墨的黏度、附着力、光泽、干燥性及印刷适应性都有很大的影响，目前常用丙烯酸类树脂。胺类化合物的作用是使水性油墨的pH值维持碱性，这是由于丙烯酸类树脂在碱性介质中能提供更佳的印刷效果。水或其他有机溶剂等的作用是溶解树脂、调节油墨黏度及干燥速度，如柔性版印刷为高速印刷，网纹辊上分布着定量、定型的微小的墨孔，只有使用低黏度的油墨，才能满足网纹辊对油墨传输的要求。

需要说明的是，许多高分子（水溶性）原来并不溶于水或仅部分溶于水，只有添加一种酸或碱，才因电离作用而溶于水。典型的例子是聚丙烯酸和聚酰胺分别是阴离子和阳离子型电解质，这些物质水溶液的pH值与它的黏度、稳定性、分散性等密切相关，故在水溶性聚合物的分子链上含有一定数量的强亲水性基团，如羧基、羟基、氨基等。但这些极性基团与水混合时多数只能形成乳浊液，而羧酸盐能溶于水，因此在水溶性连结料的制造中往往是使用高酸态的合成树脂，再以胺中和成盐。

1. 树脂

树脂是油墨生产中最主要的组成部分。用于水性油墨的树脂种类很多，典型的水性油墨用的树脂有防止水扩散微粒树脂、不溶解于水的树脂、溶解于碱性水的树脂，可根据不同的场合和用途选择。但目前研制与开发使用较多的是碱溶性树脂，这类树脂可被水（氨水或胺类溶液）溶解，制成水性连结料，印刷干燥后变成不溶于水的物质。通常是在树脂溶液中加入适量的氢氧化铵，形成可溶性树脂盐，氨挥发后使油墨变成不溶于水的物质。目前，水性油墨连结料的树脂主要有丙烯酸类、聚酰胺类、聚酯类三种，其中使用最多、用途最广的是丙烯酸聚合树脂。

值得指出的是，水性油墨的连结料中通常同时含有水溶性树脂（水稀释型聚合物）、胶态分散体、聚合物乳液三类水溶性树脂。其中，水溶性树脂用于调节油墨的黏度和流动性，稳定分散效果，赋予油墨墨膜固着颜料的性能；胶态分散体，其分子中具有极性基，通过调整 pH 值及添加助溶剂，可使溶解性能和黏度改变；聚合物乳液可使墨膜富有弹性。通常是以水稀释型连结料为主，将这几种树脂混合使用，可弥补各自的缺点。三类水溶性树脂的分类、性质及举例见表 4-2。

表 4-2　三类水溶性树脂的分类、性质及举例

性质	水溶性树脂	胶状分散体	聚合物乳液
外观及状态	透明、溶解型	半透明、分散型	半透明、分散型
粒径/μm	约 0.001	0.001～0.1	0.1
相对分子质量	10000～20000	15000～100000	100000 以上
黏度	高	中	低
颜料分散性	优	良	差
分散稳定性	良	良	差
黏度调整	添加水溶解剂、助溶剂	添加水溶解剂、助溶剂	添加增黏剂、溶剂
光泽	优	中	比较差
墨膜强度	优	良	优
使用难易	良好	良好	良好～差
举例	聚乙烯醇、聚乙烯甲酯、聚丙烯胺、聚乙烯、聚丙烯酸盐	虫胶、苯乙烯、丙烯共聚体、三聚氰胺树脂、松香马来酸树脂、苯乙烯马来酸树脂	丙烯酸乳液、聚乙酸乙烯乳液、聚氨酯树脂、环氧树脂

表 4-3 是几种水溶性树脂的性能比较。从表 4-3 可以看出，选用水溶性丙烯酸改性树脂作为水性油墨的连结料，在光泽度、耐候性、耐热性、耐水性、耐化学性和耐污染性等方面均具有显著的优势，无论在直接分散溶解或合成高分子乳液时均能表现出优良的性能。因此，目前国外普遍采用丙烯酸改性树脂作为水墨连结料。

表 4-3　几种水溶性树脂的性能比较

项目	马来酸树脂	氨基甲酸乙酯树脂	水溶性氨基树脂	羟甲基纤维素	水溶性丙烯酸改性树脂
颜料分散性	中	中	良	良	优
印刷适应性	中	中	中	良	优
耐湿摩擦性	中	中	良	中	优
耐干摩擦性	差	中	差	中	优
油墨稳定性	中	良	中	中	优
耐热性	差	差	中	中	极优
耐水性	差	差	差	差	优
着色性	中	中	差	中	良
光泽	差	差	中	差	良

值得指出的是，国产丙烯酸改性树脂及水性高分子乳液质量差，且不稳定，多数厂家仍采用进口的丙烯酸改性树脂和乳液，所以开发一种既经济又具备良好性能的碱溶性连结料，就成为当前许多水性油墨生产厂创新的首要任务。目前，配制水性油墨的水溶性树脂的研究也越来越受到人们的关注，在这里举几个例子，仅供参考。

周永红等，以松香为原料，经改性制成 8 种水溶性树脂，测定了它们的水溶液特性，筛选出适宜配制水性油墨的树脂产品。经研究，以松香为原料，经马来酸酐、哌嗪改性[马来酸酐用量为松香用量的 15%～20%，反应温度（200±5）℃]，再与季戊四醇和聚乙二醇 200 酯化，制成的水溶性树脂软化点高，水溶液稳定性好，适宜于配制水性油墨。表 4-4 是按树脂 35.0g、异丙醇 7.0g、消泡剂 0.2g、氨水和水 57.8g 配制的水溶性树脂的碱性水溶液，加入各种多元醇后的情况对比。

表 4-4　松香水溶性树脂性能指标和特性

树脂编号	所用多元醇	树脂性能指标 酸值 KOH/mg·g^{-1}	软化点/℃	水溶液特性 透明度	稳定性/天
R0	未用	170	129	不透明	1
R1	乙二醇	155	136	基本透明	25
R2	二甘醇	154	136	基本透明	30
R3	1,2-丙二醇	154	138	透明	30
R4	甘油	148	146	透明	40
R5	季戊四醇	152	149	透明	60
R6	聚乙二醇 200	150	138	透明	50
R7	聚乙二醇 400	148	121	透明	50
R8	聚乙二醇 600	150	118	透明	50

崔锦峰等，研究了水性油墨用水性复合丙烯酸改性树脂，正是由丙烯酸共聚乳液直接与加成松香树脂液在中和剂存在下反应而成的。该树脂用于水性油墨、水性涂料的制造，可获得高光、耐水、附着力强的涂膜，可用于中高档水性油墨（柔印、凹印）。其中，丙烯酸共聚乳液是以丙烯酸及其酯、甲基丙烯及其酯与其他烃单体在引发剂、乳化剂、水所组成的乳化体系中通过自由基链锁共聚而成，其配方组成见表4-5。加成松香树脂，首先使顺酐与松香在高温条件下发生1,4加成反应，生成加成松香，加成物再用季戊四醇酯化，为了保证树脂具有成盐水溶性，必须保持较高的酸值（$AV_{KOH}=150\sim160mg/g$），最后将此高酸值树脂溶于复合溶剂中形成加成松香树脂。加成树脂的配方组成见表4-6，树脂液的配方见表4-7，最后制成的复合水性丙烯酸改性树脂液的配方见表4-8。

表4-5 丙烯酸共聚乳液的配方组成

原料名称	规格	用量/g	原料名称	规格	用量/g
丙烯酸	90%	40	乳化剂OP	工业	0.8
甲基丙烯甲酯		20	过硫酸铵	CR	0.6
丙烯丁酯	96%	18	碳酸氢钠	CR	0.3
苯乙烯	99%	20	氨水	37%	适量
蒸馏水		200			

表4-6 加成树脂的配方组

原料名称	规格	用量/g
松香	特级	112
顺酐	工业	28
季戊四醇	工业	10

表4-7 树脂液的配方

原料名称	规格	用量/g
加成松香		128
异丙醇	工业	60
乙醇	发酵	45
己二醇乙醚	工业	18

表4-8 复合水性丙烯酸改性树脂液的配方

原料名称	规格	用量/g
加成松香树脂液		251
丙烯酸共聚乳液		65
乙醇胺	工业	70

林剑雄等研究认为，用于水性油墨的水溶性丙烯酸改性树脂可以由丙烯酸丁酯（BA）、甲基丙烯酸甲酯（MIVIA）、丙烯酸（AA）三种单体，采用传统的自由基溶液聚合方式合成，并得到结论：引入活性交联单体丙烯酸后，有利于增强树脂的附着性。同时，通过胺化的树脂有着很好的水溶性；选择异丙醇为溶剂，可以制得清澈透明、单体气味小、黏度适中的树脂。引发剂为偶氮二异丁腈时，引发效率比较高，而且溶剂半衰期能够很好地配合反应温度，引发剂用量为0.8%时，可以提高反应速率和转化率。

2. 溶剂

溶剂不仅作为油墨的载体，而且可以调整油墨黏度，增加流动性，方便油墨印刷。水性油墨用溶剂应具有：溶解树脂，给予墨性；调节黏度，给予印刷适应性；调节干燥速度。水性油墨的溶剂主要是纯净水和少量醇类，如水、丁醇、异丙醇等。纯净的水加入少量的醇可以提高油墨的稳定性、加快干燥速度、降低表面张力，异丙醇还起到减少发泡的作用。

（三）水性油墨的有关助剂

辅助剂的作用是提高油墨体系内的稳定性，增加附着力，提高光泽的亮丽程度，调节油墨的pH值、干燥性等，从而确保获得平滑、均匀、连续的墨膜。辅助剂虽然在油墨的配方中占比很少，但它的加入却最能表现出油墨的性能。同样，加入各种助剂可以改善水性墨的缺点和提高其稳定性，可以降低水性墨的表面张力，增加对塑料的润湿，还有助于溶解树脂，提高干燥速度。

常用的水性油墨助剂主要有以下几种。

1. 稳定剂

稳定剂可调节pH值，也可作为稀释剂以降低油墨的黏度。水墨中颜料的分布密度比溶剂型油墨要大得多，而水的表面张力及极性都与溶剂型差别很大，使得颜料分散较困难，从而影响到油墨的稳定性、黏度和pH值。一般使用氨水或乙醇胺等作为稳定剂，它一方面可以降低水性油墨的黏度和调节水性油墨的pH值，同时还可以防止水性油墨在储藏、运输中聚结、发霉。

（1）黏度：是阻止流体流动的量度，体现了流体分子间相互作用而产生的阻碍其分子相对运动的能力，即流体流动的阻力。黏度直接影响着油墨的转移和印品的质量。黏度低，油墨转移快，会造成色浅、网点变形、传墨不匀等弊端；黏度高，油墨转移慢，墨色不匀，颜色反而有时印不深，易造成脏版及糊版等弊病。黏度低时，可以用新墨拼混调整；黏度高时，可以用水或水与乙醇（各50%）稀释，也可采用水性油墨稳定剂进行调整。黏度大小除与连结料中树脂的黏度及其密度有关外，温度对油墨黏度也有较大的影响，通常温度升高则黏度下降，反之则黏度升高，所以在印刷过程中为了保持印品密度一致，应该使印刷车间的温度保持恒定。

（2）pH值：对油墨黏度和干燥性都有影响。油墨厂生产的水性油墨的一般性能见表4-9。从表4-9中的数据可以看出，水性油墨为弱碱性的，pH值在9左右。实际上，

pH 值对水性油墨的印刷适性影响主要与黏度和干燥性有直接的关系。据研究，水性油墨的黏度随 pH 值的下降而下降；随着 pH 值的逐渐升高，水性油墨的干燥性降低。

表 4-9　水性油墨的一般性能

颜色	黏度/s	细度/μm	黏着性	pH 值
黄	40	35	3.5	9
红	75	15	3.3	9.5
黑	80	10	3	9.5
金	62	—	4.6	9.1

2. 消泡剂

目前，水性油墨的泡沫问题是一个特别突出的问题，主要是由于水性油墨的特殊配方和特殊生产工艺的原因。为此，消泡剂的正确选择是非常重要的。消泡剂能抑制和消除水性油墨中的气泡，提高其传递性能。消泡剂用量以最低有效量为好，用量一般为（质量分数）：高黏度水墨 0.3%～0.8%；低黏度水墨 0.01%～0.3%。用于水性油墨的消泡剂有有机物（可乳化型和不可乳化型）、二氧化硅和有机硅三类。

3. 其他助剂

水性油墨使用的助剂还有阻滞剂、冲淡剂、分散剂、防腐剂、流平剂、增滑剂及交联剂等。正确使用这些助剂可以改善水性油墨的弱点，提高水性油墨的稳定性能。例如：阻滞剂可抑制水性油墨的干燥速度，防止油墨在网纹辊上干固，减少糊版；冲淡剂可减淡水性油墨的颜色，但对油墨的黏度和干燥速度无影响，冲淡剂还是一种亮光剂，可以提高水性油墨的亮度，可根据油墨的要求和承印物的要求适量加入；有时为了增加油墨的抗划性能，可加入蜡类添加剂，一般用聚乙烯蜡。

二、水性油墨的配方

（一）水性油墨配方的有关问题

通常，印刷工艺以及相应的干燥方式决定所用油墨的配方体系。现代柔性版印刷，是指使用高分辨率、高弹性、版材厚度约 1.7mm 的柔性版，用网纹辊传输低黏度、溶剂挥发性干燥油墨的印刷方法。鉴于目前水性油墨在柔性版印刷中占了主导地位，因此，这里主要结合柔印水墨，下面谈谈水性油墨配方应重点考虑的问题。

1. 干燥成膜的机理问题

为满足工艺要求及水性油墨自身的特点，根据不同的印刷基材，水基柔性版油墨的干燥方式是挥发、渗透、固化反应或三者兼有的干燥成膜机理。一般来说，其干燥成膜机理如下：

（1）水及助溶剂大量挥发。

(2) 脱胺。反应为：

$$RC(=O)-NHCH_2CH_2OH \xrightarrow[H^+OH^-]{\triangle} RC(=O)(OH) + NH_2CH_2CH_2OH \uparrow$$

(3) 脱水。反应为：

$$RC(=O)-NHCH_2CH_2OH \xrightarrow[H^+OH^-]{\triangle} H_2O + RC(=O)-NHCH_2CH_3$$

对于承印物为非吸收性基材的柔性版印刷，其干燥方式主要以挥发干燥为主，即应采用树脂、溶剂的油墨体系。这是由于：第一，柔印机速度很快，从 80m/min 到 200m/min 都有，从第 1 色印完到第 2 色印刷，其间隔仅为几秒到零点几秒。在所有的干燥类型中，非吸收性基材仅挥发干燥即可满足这一高速印刷的要求，同时，要迅速干燥，只有用沸点不高的溶剂才有瞬间挥发的特性。第二，柔印油墨仅仅是依靠本身的流动性、黏附性填充在网纹辊网眼中并传墨到印版上的，只有较低的黏度即较稀薄的液体才能赋予这样的性质。因此，这种油墨体系的配方首先取决于油墨中溶剂的挥发速度。

不同树脂对溶剂挥发速度的减缓程度也不同，溶解度越大的树脂，溶剂越难以脱出，挥发速度越低；颜料在油墨中所占的比例越大，溶剂的挥发速度越低；颜料粒子的半径越小，比表面积越大，溶剂的挥发速度越低；不同种类的颜料对溶剂的脱出性也不相同。

对于吸收性基材的柔印，其干燥方式以渗透吸收干燥为主。油墨对吸收性基材的渗透吸收对油墨固化和干燥过程很重要。渗透量太少或太浅，油墨粘不牢，也不易干燥。但是，渗透量太大或太深，就会造成透印现象，也会降低油墨光泽。另外，对于吸收性基材，还同时存在挥发干燥成膜机理。因此，对吸收性承印物的柔印水墨，应具有挥发和渗透双重成膜的特性。

2. 印刷适性问题

油墨从墨槽到印版再到承印物的过程是油墨的传输和转移分离的过程。在这个印刷过程中，首先要保证始终向印版稳定地传输油墨，其次希望版面上的油墨始终以一定的状态有效地转移到承印物上。这就要求油墨具有相应的印刷适性，而油墨本身的流变性是支配油墨适性的重要因素。油墨的流变性包括黏度、屈服值、触变性、流动度、黏着性、墨丝长短等。

例如，印速越高，就要求油墨的黏度越小，因为快速印刷，要求转移快、干燥快，即要求油墨黏滞力小，易分离，且溶剂易从墨膜表面逸出。对于比较光滑的铜版纸，在供墨量充足时，转移率较高，所以要求油墨的黏度稍高；对于胶版纸等结构松软的纸张，所用油墨黏度应稍低。

又如，印刷作业要求油墨具有适当的触变性，但如果油墨的触变性过大，油墨在墨斗中会造成供墨不流畅，甚至会出现供墨中断的现象，影响连续印刷时供墨量的均匀和准确程度。不同类型的印刷对油墨的触变性会有差异，一般网线版、文字版和线条版的印刷要求油墨的触变性略大些；大面积的实地版则略小些为宜。油墨的触变性与颜料的性质、形状、用量，以及颜料粒子与连结料的润湿能力和树脂的相对分子质量有关。如连结料中的树脂相对分子质量越大，则触变性也越大。

再如，油墨的黏着性对印刷适性的影响在于：油墨的黏着性较大时，油墨分离困难，造成印刷机上油墨延展不均匀。油墨墨层在纸张或橡皮布间分离时，如果此阻力大大超过纸张的结合力，就会产生拉毛甚至剥皮现象。多色印刷时，在前色的油墨未干的状态下迅速印刷后一色，一般要求第一色油墨的黏着性要大一些，后面各色油墨均要逐渐降低黏着性，否则，就有可能出现后面的印不上去，并把前面的墨层粘走。

除此之外，配方时还应注意包装印刷产品的使用性能问题，如油墨的遮盖力、耐化学性、耐刮擦性、耐热封性、耐油脂性、耐冷冻性、耐久性等方面的要求。

（二）水性油墨的配方举例

水性油墨通常可参考的比例配方是：颜料 12%～40%，树脂 20%～28%，水+醇 33%～50%，碱 4%～6%，添加剂 3%～4%。下面列举几种水性油墨的具体配方，仅供参考。

（1）优选的柔印水性油墨的基本配方见表 4-10，其主要技术指标见表 4-11。

表 4-10 优选的柔印水性油墨的基本配方

基本组成	水溶性丙烯酸改性树脂	水	乙醇	三乙胺	颜料	助剂
含量/%	25～35	15～25	5～15	5～10	10～30	1～3

表 4-11 优选的柔印水性油墨的主要技术指标

项目	技术指标	实测指标	检测标准	项目	技术指标	实测指标	检测标准
颜色	标样	近似标样	GB/T 13217.1	pH 值	8.0～9.5	9	—
着色力/%	90～110	100	GB/T 13217.6	初干性/mm	15～30	19	—
黏度	50±30	50	GB/T 13217.4	耐碱、耐水	24h	良好	—
光泽/%	60℃	大于 80	GB/T 13217.2	储存	5～30℃	良好	—
细度/μm	小于或等于 10	8	GB/T 13217.3	—	—	—	—

（2）典型水基柔印墨的配方见表 4-12。

表 4-12 典型水基柔印墨的配方

基本组成	丙烯酸改性树脂（可溶性）	聚乙烯蜡	水	硅油	硫酸钡	酞（BGS）
含量/%	65	5	7.75	0.25	10	12

(3) 金振华等研制的网印水性油墨的配方见表 4-13，其油墨产品检测结果如表 4-14。

表 4-13 网印水性油墨的配方

纸品用		塑料用	
基本组成	含量/%	基本组成	含量/%
丙烯酸复合树脂	—	丙烯酸复合树脂	45
水	40	氯化聚丙烯分散体水	10
乙二醇	2	二氧化钛	30
异丙醇	7	水	10
氨水	6	颜料	6
颜料	5	助剂	3～5
助剂	1～3	—	—

表 4-14 网印水性油墨产品检测的结果

项目	检测方法及参考指标	纸品用网印水墨	塑料用网印水墨
颜色	按 GB/T 13217 检测	鲜艳	鲜艳
着色力/%	按 GB/T 13217 检测	100	100
细度/μm	按 GB/T 13217 检测	≤20	≤20
黏度/Pa·s	用旋转式黏度计检测	20	30
光泽/%	按 GB/T 13217 检测	51	57
附着牢度	按 GB/T 13217 检测	95	90
耐摩擦	干、湿 30 次	通过	通过
溶剂残留量/mg·m^{-2}	印品干后 24h	未检出	未检出

(4) 汤建新等研制的柔印四色套印水性油墨的配方见表 4-15。

表 4-15 柔印四色套印水性油墨的配方（质量分数） 单位：%

油墨组成	黄墨	品红墨	蓝墨	黑墨
套色黄颜料总量	13.0	—	—	—
套色红颜料总量	—	12.0	—	—
套色蓝颜料总量	—	—	11.0	—
套色黑颜料总量	—	—	—	10.5
超细碳酸钙（1000 目）	2.0	2.0	2.0	2.0
丙烯酸改性树脂连结料（pH 值为 9）	68.0	68.5	69.5	69.0
助剂（消泡、分散、流平剂）	1.0	1.0	1.0	1.0
水性蜡	1.0	1.0	1.0	1.0
去离子水（已杀菌）	15.0	15.5	15.5	16.5

(5) 水性凹印墨的典型配方如下：

树脂的有机胺（乙醇胺）溶液（pH=9） 70～75 份　　有机颜料　　5～8 份
胶质碳酸钙　　2 份　　乙醇　　3 份
水　　15～20 份

(6) 水基凹印四色印刷油墨的配方见表 4-16。

表 4-16　水基凹印四色印刷油墨的配方　　单位：%

油墨组成	黄	红	蓝	黑
联苯胺黄 221	6	—	—	—
透明黄 GG	5	—	—	—
桃红精 6GNS	—	14	—	—
酞菁蓝（稳定型）	—	—	12	1.5
紫红 F2R	—	—	—	8
胶质钙	1	2	1	1
树脂液（pH=9）	68.5	68.5	69.5	69
磷酸三丁酯	0.5	0.5	0.5	0.5
蒸馏水	16	12	13	15
乙醇	4	3	4	4

三、水性油墨的特点及使用

（一）水性油墨的特点

1. 环境特性

水性油墨与溶剂型油墨的最大区别在于水性油墨中使用的溶剂是水和乙醇，而不是有机溶剂，是一种 VOC 极低的油墨，对环境污染小，因而号称环保油墨。需要说明的是，水性油墨作为绿色油墨只是相对而言的，绝对的绿色油墨应是无毒、无污染，能再生或循环使用。水性油墨的最大特点是对环境无污染，对人体健康无影响，不易燃烧，安全性好。它不仅可以减少印刷品表面残留的毒性，使印刷设备清洗方便，而且可以降低由于静电和易燃溶剂引起的火灾危险，因此从这个意义上讲，水性油墨是一种新型的绿色包装印刷材料。溶剂型油墨中的有机溶剂挥发时有毒气放出，污染四周环境，同时印刷完成后其表面有残留的有害物质，而水性油墨可以完全消除溶剂型油墨中某些有害物质对人体的危害，特别适用于食品类、医药类、化妆品等对卫生条件要求严格的包装印刷产品的印刷与使用。

2. 印刷特性

水性油墨除了环境特性的优势外，印刷特性也较好。其墨性稳定，不腐蚀版材，操作简单，价格便宜，印后附着力好，抗水性强，干燥也较迅速（印刷速度可达 150～200m/min）。

水性油墨除运用于凹印外，也适用于发展潜力很大的柔印和网印。但因水性油墨中水的沸点高，蒸发热大，印刷品干燥慢，需热风干燥装置，而且有些油墨的印刷品还可能因环境湿度过大而吸湿返黏，另外印刷品的光泽相对差一些。相对于水性油墨来说，溶剂型油墨干燥速度快，在印刷过程中可以根据需要加入不同的助剂来调节干燥的速度，一般不需要热风干燥装置。油墨干燥后的印刷品对承印物的附着度高，一般对环境的温度、湿度不敏感。这类油墨的印刷品相对来说光泽很好，印刷产品的种类非常广泛。

总之，目前水性油墨还存在工艺和材料上的一些问题需要解决。比如：干燥性、光泽度、承印物对水的吸收引起的印品变形的问题，以及印后覆膜时出现的起泡问题等，特别是干燥问题成为水性油墨在应用推广上的最大难题。再如，由于水性油墨的主要溶剂为水，故它在纸质品上进行高质量的凹版印刷时会产生一些相应的问题，诸如纸张吸湿变形，套印不准，光泽度、平滑度、油墨扩散性等印刷适性变化的问题。尽管如此，从环保的角度出发，国际上还是出现了使用水性油墨或水－醇型油墨代替溶剂型油墨的发展趋势。

（二）水性油墨的使用问题

在水性油墨的使用中，通常会出现色相不准、黏度不稳、干燥过快或过慢、轮廓模糊、难以套印、油墨起泡、糊版粘脏、印迹脱落（粉化）等问题，总的来看，其主要原因有以下几个方面。

1. pH 值的控制

pH 值是决定水性油墨制造及其印刷适性技术的成败关键。在使用水性油墨时，需要精确控制其黏度和 pH 值。酸性会延缓水性油墨的氧化聚合和挥发坚固墨膜的形成作用，而碱性过量则会导致内湿外干而影响附着力。pH 值高于 9.5 时，碱性太强，油墨的黏度会降低，干燥速度变慢，出现印品背面粘脏，耐水性能变差；pH 值低于 8 时，碱性太弱，油墨的黏度会升高，油墨易干燥，会造成脏版、糊版和起泡等缺陷。水性油墨的特点是油墨在干燥前可与水混合，一旦油墨干固后，则不再溶于水和油墨，即油墨有抗水性，因此为保证油墨能顺利施印，必须控制好 pH 值。水性油墨中的连结料主要是碱溶性树脂，为保证印刷性能好，印品质量稳定，在印刷过程中 pH 值应控制在 8.5～9.5 的范围。

水性油墨的 pH 值主要依靠胺类化合物来维持，在印刷过程中，由于连结料中的胺不断挥发，pH 值下降，这将使油墨的黏度上升、转移性变差，同时油墨的干燥加快，堵塞网纹辊，出现糊版故障。同时，印刷中还需要向墨中加入新墨和各种添加剂，这导致了印刷中 pH 值随时都在变化。在实际控制中，一方面要尽可能避免胺类物质外泄，如盖好油墨槽的上盖；另一方面要定时、定量地向墨槽中添加稳定剂。pH 值偏低时，可加入 pH 值稳定剂或少量碱性物质；pH 值偏高时，可加入溶剂或稀释剂进行稀释。

2. 温、湿度的控制

印刷车间的温、湿度与水性油墨印刷产品的干燥和光泽关系密切。相对湿度 95％ 与 65％ 相比，干燥时间几乎相差 2 倍以上。同时，纸张、塑料、织物本身的干湿度也会直接影响印刷制品的干燥时间。

3. 通风程度与印件堆放方式

由于氧气或吹风是促进水性油墨氧化聚合和挥发、坚固墨膜的一个因素,所以印刷车间的通风程度及印件堆放方式也会影响油墨的干燥速度。印刷干速太慢,会给下一道工序的套印或裁切造成困难,发生背面粘脏、色泽变淡等现象;反之,也会使第二次印刷油墨难以附着。

4. 承印材料

纸、塑料、织物等承印载体的 pH 值对水性油墨的干燥、光泽也有影响。水性油墨印刷到纸表面时会受到承印纸张 pH 值的影响。纸酸性高时,水性油墨中作为催干剂的偶联剂不能起作用,水性油墨中碱被中和,使干燥提前;纸碱性高时,水性油墨干燥慢,有时又限制了水性油墨达到完全抗水。

另外,在使用水性油墨时,如光泽不亮丽,可适当加入桐油或高分子树脂,如丙烯酸改性树脂或添加镁盐或 TM 偶联剂加以调节;如想提高印品光泽度,可控制黏度,水性油墨如黏度过低,流动性太大,可适量加入廉价的铝盐或硅盐充分搅匀调节;水性油墨的干燥速度(如凹印初干 3~5s,彻底干 100s)应视不同的印刷工艺流程而定。在使用水性油墨时还应注意废水处理工作,应将洗辊、洗槽、洗桶的废水集中放在一个废水处理池里,加入酸性物质沉淀,进行过滤、净化,避免其对环境的污染。

四、水性油墨的生产工艺

水性油墨的生产工艺过程是将水溶性树脂、颜料、助剂和溶剂(水)等混合,通过高速分散机搅拌分散、研磨成备用色浆。再将备用色浆、助剂和溶剂(水)等搅拌混合均匀,通过研磨分散,使之具有足够的细度、光泽及着色力,最后过滤、包装即为水性油墨产品。其生产工艺过程一般分为以下三个步骤。

(1) 制备研磨树脂。工艺过程为:树脂+胺化剂→研磨树脂。

(2) 制备研磨色浆。工艺过程如下:

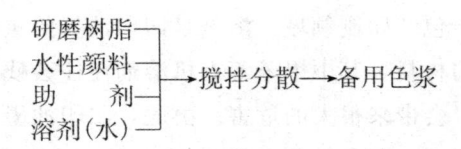

{研磨树脂, 水性颜料, 助剂, 溶剂(水)} →搅拌分散→备用色浆

(3) 配制油墨。工艺过程如下:

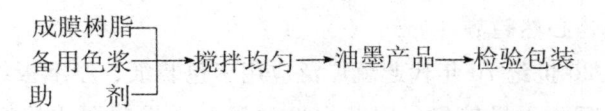

{成膜树脂, 备用色浆, 助剂} →搅拌均匀→油墨产品→检验包装

五、水性油墨的应用概况及发展

(一) 水性油墨的应用概况

绿色包装印刷的水溶性油墨在卷筒纸张的吸收材料表面进行印刷已近10年了,目前在非吸收性材料(塑料、铝箔等)表面印刷和推广使用已成为现实。从印刷方式上看,水性油墨目前对胶印还不适用,其最主要的应用领域是柔性版印刷(简称柔印)与凹版印刷(简称凹印)。

1. 在柔印领域的应用

柔印与凹印产品大多数是包装产品,其中食品包装、烟酒包装、儿童玩具包装等卫生条件要求严格的包装占相当大的比例,因此,迫切需要绿色印刷材料,而水性油墨成为其最佳的选择之一。在全世界掀起的"绿色革命"浪潮的冲击下,柔印取得了长足发展,已被公认为是一种"最优秀、最有前途"的印刷方式。究其原因,一方面,在于柔印方式所具有的广泛适应性和经济性;另一方面,更重要的是柔印绝大部分都采用水性油墨,具有优良的环保性能,符合现代包装印刷的发展趋势,特别适用于烟、酒、食品、饮料、药品、儿童玩具等卫生条件要求严格的包装印刷产品。

根据美国柔性版印刷协会(FTA)提供的资料,20世纪末,在印刷工业中有33%、在包装印刷中有55%的产品是用柔性版印刷来完成的。当前,柔印主要推广使用水性油墨,在美国有95%的柔印产品采用水性油墨,20%的塑料印刷使用了水性油墨;在日本,70%柔性版印刷用于瓦楞纸板的印刷,其中95%都已使用水性油墨。

在我国,柔印占的比例与日俱增,胶印、凹印、柔印(以水性油墨为主)三种印刷方式已经形成包装业中的三支柱。我国从1995年以后,大量引进了柔性版生产线,用来印刷商标、折叠纸盒、烟盒、酒盒、化妆品盒、保健品盒、文具用品、液体包装、卫生纸、餐巾纸、纸杯、墙纸等。国内现有窄幅柔版印刷生产线近200条,年需水性油墨10多万吨。

2. 在凹印领域的应用

凹版印刷也主要应用于包装印刷领域,溶剂是凹印油墨的重要组成部分,也是塑料薄膜复合胶黏剂中不可缺少的材料,其中甲苯等有机溶剂往往会残留在印刷薄膜中,这种印刷品若使用在食品包装中,会带来很大的危害。由此,凹印油墨生产正受到消防法、劳动安全法、卫生法等法规的制约,凹印油墨必须向无苯型、适应多样化印刷基材方向发展。目前,要积极发展符合环保要求的绿色凹印油墨,发展"凹版印刷油墨水性化"工艺意义重大,使用水性油墨是必然趋势。

水性凹印油墨自20世纪70年代起就广泛应用于包装纸、厚纸板纸盒的印刷中,由于纸印刷中蒸发干燥与吸收干燥较好,因此水性油墨的干燥问题比较好解决,普及得也较早,在美国有80%的凹版印刷品采用水性油墨。但包装薄膜印刷中的油墨水性化,由于干燥问题,时至今日仍未达到真正的实用阶段。可以预见,凹印在薄膜包装材料印刷的水性化方面将成为一个重要的课题。另外，从总体上看，水性凹印油墨迟迟得不到进一步普及的一个重要原因是因为推广使用水性油墨，如果要保持原来凹印墨的印刷速度和印刷质量，不仅要增强现有凹印干燥机的性能，并且必须配备高精度的浅穴印版（减少用墨量、提高干燥速度）等，而整个印刷系统的改善需要相当的投资。

3. 在网印领域的应用

近年来，随着我国国民经济的发展，网版印刷不但广泛用于纸张、塑料，还被纺织、电子、金属、玻璃、陶瓷等领域的工业部门所采用，发展迅速。在网版印刷中，油墨始终占据重要地位，是决定网印品质量的关键所在。目前，网版印刷大部分使用的都是溶剂型油墨，这种油墨都含有50%～60%的挥发性有机溶剂组分，这些有机溶剂所挥发出的气体不仅有臭味，而且部分有毒性，对人体有危害。如果能开发使用水基油墨的轮转网印机，就可以减少环境污染，提高印刷速度。在环境保护问题上，丝网印刷加工业只有依赖油墨体系的改变来适应时代的发展，无疑丝网印刷水性油墨将会得到大力发展。目前已经大量使用水性网印油墨的国家有瑞典、德国和美国。自20世纪80年代以来，国际上已开发出在织物、纸、PVC、PS、铝箔及金属上网印的有光和无光水性油墨。我国的网版印刷速度发展很快，而网印水性油墨的研制开发及普遍应用的进展速度却较缓慢。值得欣慰的是，我国在网印水性油墨研发上已引起人们的关注，经过几年的努力已取得一些成果。据报道，在柔版、凹版印刷水性油墨的基础上，我国已研制出了在纸张和塑料等承印材料上应用的网印水性油墨。

在这里还想指出，虽然目前在胶印工艺中还不能使用水性油墨，但也应推广和应用环境性能好的油墨。降低润版液中的有机化合物，进一步提高印刷速度，增强印刷生产率，获得高精细的印刷品，以及采用脱烃矿物油溶剂和更多的植物油（如大豆油）制造油墨等技术是当今胶印油墨主要的绿色化发展方向。发展环保胶印油墨，目前重在解决胶印的新型溶剂研制和使用问题。对于胶印油墨中芳香型溶剂问题，在发达国家已引起高度重视，日本已停止生产芳香型矿物油，并有石油公司推出了无芳香族成分的油墨溶剂——AF系列溶剂。受VOC排放标准及其环境适应性的影响，美国用大豆油（SOY）代替矿物油溶剂作为胶印油墨溶剂，在美国，大豆油墨正在逐步取代以冷凝轮转胶印油墨为中心的矿物油油墨。

（二）水性油墨的发展

由于水性油墨所具有的优良环境特性，目前发达国家和地区都在努力开发和使用水性油墨，以逐步取代溶剂性油墨。以水性印刷为主要发展对象的包装印刷在国际上已经形成一种趋势。从国际包装印刷的发展趋势来看，水性油墨已从单一的纸箱墨向各种基材、多色套印方面发展。

美国从20世纪80年代开始实行《空气清洁法案》和《职业安全与健康法案》，限制有机溶剂和有毒物质的排放。有的发达国家和地方政府甚至提出：凡是人的手直接接触的印刷物品都必须使用无公害的印刷油墨。在环保条例对挥发性有机溶剂含量严格限制下，水性油墨首先在纸张印刷领域取得进展。欧洲一些国家在油墨水性化方面起步较早，形成了一定的生产规模。美国加利福尼亚州已在全州范围推行了水性油墨，主要用于纸张或纸塑复合材料印刷，印刷方式以柔性版为主。据报道，目前发达国家水性油墨生产年增长率已达 7.6%，是当今精细化工产品中发展速度较快的产品之一。美国塑料印刷中有 40% 采用水性油墨，其他经济发达国家，如日本、德国、法国等在塑料薄膜印刷中使用水性油墨的用量也越来越多；英国已立法禁止溶剂型油墨印刷食品薄膜。

我国近年来对食品的包装也做出了一些规定，"绿色"印刷材料的地位在我国也得到了进一步提高。水性油墨于 1975 年在我国问世，当时主要为凹印服务，当时的水性油墨性质很不稳定，油墨在印刷过程中存在易失光、变稀、干性变慢等；20 世纪 90 年代，我国引进了近百台组合式窄幅柔印机，对水性油墨的发展起到了积极的推动作用。随后，出现了以丙烯酸溶液为连结料的水性柔印油墨。20 世纪 90 年代中期，采用丙烯酸胶态分散体连结料，大大提高了水性油墨的档次，使水性油墨在我国包装印刷领域得到了广泛应用。在保护环境、节省能源、减少污染、循环利用和安全生产的呼声中，我国包装印刷的水性油墨在短短的 20 年里以其 35% 的用量排在了其他包装印刷油墨之首。可以预计水性油墨将在纸张、铝箔、真空镀铝膜、金银卡纸、复合塑料、金属等基材印刷中全面发展，特别在烟、酒、饮料和其他食品包装上得到更加广泛的应用。

与此同时，目前不管是进口水性油墨还是国产水性油墨，都存在着不抗碱、不抗乙醇、不抗水、干燥慢、光泽度差、易造成纸张收缩等弊病，例如用于印刷包装纸袋、书刊、纸箱的水溶性柔性凸版和凹版及网版印刷油墨，成本较低，只是光泽较差。近 10 多年来，虽然采用了高聚合物丙烯酸改性树脂生产凹印纸箱水性油墨，但距离真正满足用户对光泽亮丽的要求还有一段距离。总之，在水性油墨今后的开发应用中，还需要进一步解决好油墨的干燥性、印刷适性、印刷效果等问题，在基础原材料方面需要开发水性体系分散剂、水基树脂，重点开发的品种有水基柔印和凹印油墨，印刷的主要对象是薄膜和纸。

目前，水性油墨的研究方兴未艾，各种新型的水性油墨不断出现。据报道，上海福绮德实业发展有限公司试制成功国内首创耐高温水性油墨。这种水性油墨纯属国内首创，它的主要特点是耐高温、耐摩擦、干燥速度快，低黏度、高色浓度、色泽鲜艳美观。另据报道，武汉现代工业技术研究院利用自身的优势，组织了科研人员进行攻关，研制成功了高精度水性油墨系列产品。该系列产品属于环保型，具有无毒、无刺激气味、无腐蚀性、不燃、不爆、使用安全性好的特性。产品在使用过程中可直接用自来水或乙醇稀释，对环境和人体都不构成危害，印品干燥后不仅无有害残留物质，而且不溶于水、乙醇及碱性物质，完全可以取代高档的进口水性油墨，对我国柔性版印刷的配套国产化产品起到了积极的推进作用。此外，昆明油墨厂开发出 95 型水性橡皮凸凹印油墨，该油墨采用特种合成树脂、优质颜料、助剂精工配制而成，适用于橡皮凸版印刷机和照相凹版印刷机，适合印制非涂料纸、无浆牛皮纸、灰纸板、白纸板等包装材料。

总之，一方面，水性油墨已有了广泛的运用，已成为包装印刷油墨的首选，有着广阔的发展前景，我们应充分认识"油墨水性化"的重大意义，积极开发应用绿色水性油墨；另一方面，目前水性油墨作为绿色油墨还只是相对而言的，能导致血液中毒及肾脏中毒的助溶剂——乙醇类至今还没有从水性油墨体系中去掉，带有麻醉性且有伤神经中枢的醇类仍然作为水性油墨的溶剂在使用，同时水性油墨在应用中还存在诸多需要研究和解决的问题。

第三节 UV 油墨材料

紫外线干燥油墨于1946年诞生，1969年试制成功，1971年开始投入生产使用，经过不断的研究、开发和提高，近年来已获得了重大突破和发展，油墨生产技术已渐成熟。

紫外线干燥油墨，简称 UV 油墨，被认为是污染物排放几乎为零的环保包装印刷材料，有节能、环保型"绿色"产品的美誉。UV 油墨目前已广泛用于柔印和胶印，全世界每年有10%以上的增长速度，远远超过一般印刷油墨的发展。

一、UV 油墨的组成及其对油墨性能的影响

UV 油墨是指在一定波长的紫外线照射下，发生交联聚合反应，能够瞬间固化成膜的、无溶剂排放的光固化型油墨。与油性油墨相比，它用丙烯酸系预聚物、单体、光引发剂取代了油性油墨用的树脂、溶剂。因而，它不含溶剂，也不发生蒸发和渗透，无论在吸收和非吸收性材料上均能瞬时固化，特别在金属印刷、塑料胶片印刷、薄膜印刷、合成纸印刷等方面具有较好的优势。

UV 油墨的组成包括光聚合性预聚物、感光性单体（相当于溶剂）、光引发剂、颜料、填料及各种助剂。UV 油墨与传统油墨的组成对比见表4-17。

表4-17 UV 油墨与传统油墨的组成对比

UV墨	传统油墨
颜料	颜料
连结料（预聚物、单体、光引发剂）	连结料（树脂、溶剂）
添加剂	添加剂

（一）颜料和填料

1. 颜料

要成功地调配出一种品质优良的 UV 墨，需注意选择合适的颜料。理想的 UV 油墨颜料应达到以下要求。

（1）不同的颜料对于紫外光谱的吸收和反射率是不同的，因而光固化油墨的固化速度

由于颜料的不同也有所不同，这往往会影响油墨的聚合作用，导致印刷的干燥快慢受影响，从而降低色膜的机械性和化学性，因此应选择对于紫外线光谱吸收率小的颜料，保证油墨具有良好的固化速度。

（2）颜料的浓度要高，色泽要鲜艳，要有优良的分散性和足够的着色力。

（3）颜料的拼混性要好，拼混后不能在有效存放期内胶化。

（4）颜料暴露在紫外线下或固化反应时要不变色。

（5）许多颜料在黑暗中会促进载色剂自然聚合，这种自然聚合要经过一段较长的时间才发生，这会给UV墨的库存带来问题。

根据以上要求，由于有机颜料具有鲜艳的颜色，高的着色强度或着色力，良好的耐晒、耐气候性，一定的耐热、耐溶剂及易分散等特性，因此是紫外线固化油墨颜料的重要组分，大多数有机颜料在紫外线固化油墨中是适用的。常用的UV油墨颜料有联苯胺黄、酞菁蓝、永久红、宝红、耐晒深红等。另外，黑色用炭黑，白色用钛白粉。

2. 填料

填料在UV油墨中可以改变油墨的流变性能，起消光、增稠和防止颜料沉降作用。同时，其价格低，可用来降低油墨的成本。常用的有碳酸钙、硫酸钡、二氧化硅等。

（二）连结料

连结料的性质对油墨的性能有着很大的影响。油墨连结料应具有两个功能：一是给予适当的流动性，使油墨顺利转移，油墨具有印刷适性；二是干燥后能变成固体墨膜。

光固化型连结料主要是由光固树脂或预聚合物、交联剂（单体交联剂或预聚物交联剂）、光引发剂（光敏剂）组成。UV固化油墨连结料的选择原则是：色泽浅、透明性好；活性高，在紫外光照射下能瞬间干燥；成膜后光泽好，附着力牢，韧性和耐冲击性优良；酸值一般在20以下；与颜料的润湿性要好。

需要指出的是，UV固化油墨的连结料不能只选择一种光固树脂，大都采用两种或多种光固树脂或预聚物、交联剂拼合。

1. 光聚合性预聚物

光聚合性预聚物也称感光树脂，在辐射固化油墨配方中起着极其重要的作用，它是构成UV油墨连结料的主体部分，决定着油墨在辐射固化后的整体性能。预聚物也称为低聚物，是指具有不饱和双键结构的高分子聚合物，是一种高相对分子质量和高黏度的单体，具有高度的不饱和性，可进一步发生反应，扩展成为交联固化体。预聚物好比传统油墨中的树脂，是成膜的主要化学品，决定了UV墨的固化速度、光泽、附着力、机械性、化学性、物理性等。传统油墨所用的树脂，是一种已经聚合的化合物，可能是固态或液态；UV油墨的预聚物是一种未经聚合的液态化合物，必须在紫外线的作用下才能聚合。

UV油墨的预聚物应根据不同印刷方式及产品的具体性能要求选择，同时要求具有较浅的树脂颜色、固化速度快、耐候性良好、具备相对的稳定性以及耐化学品腐蚀性等，这样才能达到好的使用效果。

通常在油墨中使用的感光性高分子预聚物是不同类型的丙烯酸类预聚物,这类预聚物具有优良的水解稳定性和光稳定性,且 UV 固化快,广泛用于 UV 固化体系中。丙烯酸类预聚物主要是指以丙烯酸类单体作为端基或侧基的环氧树脂、聚氨酯、聚酯和有机硅树脂的预聚物,UV 油墨常用的这类预聚物主要有三大类:环氧丙烯酸盐(epoxy acrylate)、胺酯丙烯酸盐(urethane acrylate)、聚酯丙烯酸盐(polyester acrylate)。

(1) 环氧丙烯酸盐 环氧树脂和丙烯酸作用产生环氧丙烯酸盐,其配方如表 4-18。用环氧丙烯酸盐制成的 UV 墨干燥极快,色膜光泽好,耐化学性优良,成本低廉。也可用来配制 UV 上光油。环氧丙烯酸盐经紫外光波聚合成聚合物后,往往表现出丙烯酸改性树脂特有的性能,同时也表现出环氧树脂的抗化学性、强结合力的特点。但它对颜料的湿润性差,黏度高,柔软性差,如果单独作为 UV 墨的成膜剂,色墨的流平和扩散较差。

表 4-18 环氧丙烯酸盐的配方

原料	规格	组分/%
环氧树脂	6101	75.3
丙烯酸	≥95%	24.1
对苯二酚	试剂	0.2
N,N-二甲基苄胺	试剂	0.4

注 技术指标为外观透明,淡黄色黏稠液体;酸值 10 以下。

(2) 胺酯丙烯酸盐 异氰酸盐(isocyanate)与丙烯酸中的羟基(hydroxyl)作用产生胺酯丙烯酸盐。胺酯丙烯酸盐受紫外线作用聚合后,其色膜光亮度特高、柔韧性高、弹性强、黏合力好。胺酯丙烯酸盐所组成的 UV 墨特别适合印刷各种塑料和金属薄片。

(3) 聚酯丙烯酸盐 聚酯中的羟基和丙烯酸作用可得聚酯丙烯酸盐。由于聚酯丙烯酸盐的相对分子质量低,所以黏度也很低。它的价格很便宜,湿润性好,柔韧性高。常用作研磨颜料的载色剂,有时也可用作 UV 油墨的稀释剂,与环氧丙烯酸盐和胺酯丙烯酸盐一起使用,调节它们的黏度。它对非吸收性材料(铝片及塑料片等)的表面黏力很强,其油墨也可以用于塑料及各种金属薄片。它的缺点是抗化学性差,很多碱性化学品都能侵蚀它,同时由于其相对分子质量低,故聚合时间较长,即干燥比较慢。

上述三类预聚物的特点比较见表 4-19。

2. 单体

UV 固化体系中的单体是有机合成材料最基本的单元,又称 UV 固化稀释剂,也是 UV 油墨连结料的组成部分。它能与不饱和双键面和线性结构的高聚物进行交联共聚,形成网状结构的成膜物质。在 UV/EB 固化技术中应用的单体一般用作活性稀释剂,降低化学体系的黏度,从而控制体系的流变性、流动性和固化膜的交联密度。UV 固化油墨中的活性稀释剂除了具有一般稀释剂在印刷过程中降低黏度的作用外,还要与低聚物或其他单体发生光化学的全部反应,起交联固化作用。因此,选择何种单体作为稀释剂取决于体系黏度降低程度、固化速度、机械性能、玻璃化温度、挥发性、溶解性、表面张力、毒性、气味、成本等因素。

表4-19 丙烯酸类预聚物的特点比较

性能	环氧丙烯酸盐	胺酯丙烯酸盐	聚酯丙烯酸盐
黏度	高	高	低、可变
用单体稀释	易	易	易
稀释黏度	好	尚好	好
固化速度	很快	可变	较慢
柔软性	差	好	高、可变
耐化学药品性	优良	好	差
对非吸收材料的黏合性	好	好	很强
价格	低廉	一般	便宜

理想单体的选择原则是：与预聚物的混溶性要好，能溶解和稀释不饱和聚酯；能参加光固化反应，具有优良的光固化活性；对固化后成膜的物质有所改进；挥发性要低，无臭无毒；来源丰富，价格便宜。另外，在选择单体时还要考虑到树脂本身的特性，应综合多方面的因素来选择。UV固化体系中常用的单体分为单官能单体[丙烯酸-2-乙基己酯（EHA）、丙烯酸羟乙酯（HEA）等]、双官能单体[己二醇二丙烯酸酯（HDDA）、二缩三乙二醇二丙烯酸酯（TEGDA）、新戊二醇二丙烯酸酯（NPGDA）、二缩三丙二醇二丙烯酸酯（TPGDA）等]和多官能活泼性单体[三羟甲基丙烷三丙烯酸酯（TIVIPTA）、季戊四醇三丙烯酸酯（PETA）等]三类。常使用三类官能单体的混合物以平衡固化速度、交联密度和柔软性等性能。另外，所有的单体都具有毒性，应根据产品的最终用途考虑选用何种单体。目前，已开发出低刺激性新型单体，比常规单体具有更低的刺激性。

3. 光聚合引发剂

光聚合引发剂一般在波长为200～400nm的紫外光照射下，能分解成自由基，引发聚合和交联作用的物质。光引发剂也称光敏剂或增感剂（如安息香），是一种易受光散发的化合物，它能在紫外光的作用下产生自由基和阳离子，这两种粒子在化学体系中都是高能性基团，其能量转移给感光性高分子，有利于引发单体、低聚物和聚合物的不饱和双键交联固化，使UV油墨发生光固化反应。因此，光引发剂是整个UV油墨中最重要的组成部分，是光聚合反应的开始，对油墨的固化速度起着关键作用。

一种好的光引发剂，应能充分吸收光源发出的紫外线（光反应强）、溶解性好、无毒，具备相对的稳定性及光照不变色等特点。理想的光引发剂，应该是用尽可能小的浓度，显示较大的引发效果。光引发剂的选择应遵循的原则是：光固化速度快，保证印品干燥不粘脏；与光固树脂、颜料混溶性好；不会使固化后的墨膜发黄变色；保证油墨在有效存放期不胶化变质；来源丰富、性质稳定、价格便宜。

光引发剂有羰基化合物、偶氮化合物、有机硫化合物、氧化还原体系等9类。其中，羰基化合物是紫外线固化油墨中常用的光引发剂，主要有芳香酮类、安息香及其醚类，如二苯甲酮（BP）、安息香双甲醚（651）、α—羟基异丙基苯甲酮（1173）等，其具体特点见表4-20。光引发剂在UV油墨中的用量一般在1%～10%，最好在3%～6%以内。

表4-20 UV油墨常用的光引发剂的特点

光引发剂	商品名	吸收峰值/nm	最大吸收波长/nm	优点	缺点
二苯甲酮	BP	260	370	价廉，与叔胺配合有较好的表干作用	有气味，挥发性大
安息香双甲醚	651	330～340	390	价格较便宜，热稳定性好，光引发效率高	泛黄
α-羟基异丙基苯甲酮	1173	320～335	370	不泛黄，热稳定性好，引发效率高	挥发大
α-羟基环己基苯甲酮	184	325～330	370	不泛黄，热稳定性好，引发效率高	
异丙基硫杂蒽酮	ITX	375～385	430	分光感度范围宽，与叔胺配合有较好的表干作用	带浅黄色
2（4-甲硫基苯甲酰基）-2-吗啉基丙烷	907	320～325	385	分光感度范围宽，高UV吸收性	有臭味，泛淡米色，价高
（4-吗啉基苯甲酰基）1-苄基,1-（二甲氨基）丙烷	369	325～335	440	分光感度范围宽，高UV吸收性	淡黄色，价高

4. 助剂（添加剂）

助剂是使油墨产品性能趋向稳定而添加的辅助剂，主要有阻聚剂（如对苯二酚）、交联剂（如苯乙烯）、硬化剂（氯化亚锡）、消泡剂、流平剂、基材润湿剂等。例如：阻聚剂可消耗光引发剂，使固化时间延长；可加大交联剂（既交联固化成膜又稀释油墨黏度）来降低油墨的成本；油墨太硬，可适量加入增塑剂，但加入过量则直接影响光固化时间；墨膜太软，可适量加入氯化亚锡或减少增塑剂。另外，减黏剂主要用于降低油墨黏度，添加量在5%以内；催干剂主要用于提高光固化速度，添加量为2%以内；坚膜剂可提高墨膜坚牢度，添加量为10%，超过此量无效果。消泡剂有Airex 900改性聚硅氧烷、Flow ZFS 460聚丙烯酸酯。流平剂有Glide 100改性聚硅氧烷等。基材润湿剂有Wet ZFS 453非离子含氟表面活性剂等。

二、UV油墨的配方

（一）UV油墨的配方问题

配置UV油墨时，除了考虑前述UV油墨的各组分对油墨性能的影响外，还应考虑其印刷的方式和承印材料。

根据印刷方式的不同，UV固化油墨有胶印、凸印、柔印、凹印、网印和移印油墨；根据承印的材料不同，UV油墨又有用于纸张、纸板、金属、塑料、纺织纤维等承印材料的油墨。不同印刷方法和承印材料对UV油墨的性能要求是有区别的，其配方也有差异。

1. UV胶印油墨

由于胶印需要水润版，因此UV胶印油墨要选用憎水性好、对润版液不会发生乳化的预聚物，稀释剂、光引发剂和颜料要求透明性好。油墨要具有良好的流动性能，尽可能做得稠（厚）而黏性大一些。印刷性能要优良，以保证有足够的油墨转移、传递到承印物上。

顺便指出，凸版中用UV油墨时，对油墨的要求比平版胶印和丝网印刷时低一些，允许范围大一些，可以选择各种原材料，有时可以直接使用平版胶印用的UV油墨。

2. UV柔性版印刷油墨

鉴于柔性版印刷主要应用在包装印刷领域，因此稀释单体和光引发剂应尽可能选用无气味、无毒性的；颜料选用色彩鲜艳、透明度好的，有时也可与染料混用，使之具有较好的流变性能。

目前，由于柔性版印刷的速度极高，为保证油墨能在高速印刷中顺利传递，因此低黏度化是柔印UV油墨配方的难点。虽然现在已经有几百Pa·s到几千Pa·s的UV柔性版印刷油墨在市场上出现，但是与溶剂型柔性版印刷油墨和水性柔性版印刷油墨相比，还是有相当大的差距。

3. UV凹版印刷油墨

与柔印一样，凹版印刷的速度也极高，为保证印刷的顺利进行，UV凹版印刷油墨的预聚物、稀释单体和光引发剂要固化速度快、黏度小；另外，凹版印刷工艺的印刷墨较厚，其颜料用量不宜过多。

4. UV丝网印刷油墨

丝网印刷在所有的印刷方式中，油墨的墨层最厚，因此UV油墨的固化也最困难。因此，引发剂的选择和添加量显得尤为重要。颜料量可相应减少；预聚物、稀释单体和光引发剂要能深层固化，因为UV油墨是瞬间固化的，容易产生不均匀的情况。

（二）配方举例

一般地，UV油墨的配比范围是：颜料15%~25%（色墨）或43%~60%（白墨）；UV连结料40%~70%（低聚物和单体）；光引发剂1%~10%；添加剂0.01%~2%。下面列举了一些UV油墨的配方（质量分数），仅供参考。

1. 纸板盒用UV油墨（单张纸平版油墨）

颜料	25.0%	光聚合引发剂（混合剂）	3.9%
多元醇丙烯酸酯	27.0%	甲基对苯二酚（稳定剂）	0.1%
环氧丙烯酸	40.0%	三羟甲基丙烷三丙烯酸酯（TMPTA）	4%

2. UV 柔印油墨

颜料	12%	稀释剂	42%
聚氨酯丙烯酸酯	24%	光引发剂	10%
聚酯丙烯酸酯	10%	助剂	2%

UV 油墨黏度（25℃）为 0.56Pa·s（560cP），固化速度是 50m/min，对 PVC 及经处理过的 PP 附着性好。

3. UV 丝网油墨

颜料	5%	稀释剂	30%
聚氨基丙烯酸酯	30%	光引发剂	10%
环氧丙烯酸酯	10%	助剂	15%

UV 油墨黏度（25℃）为 5.0Pa·s（5000cP），固化速度是 15m/min，在 PVC 上附着性很好。

4. UV 平版油墨

颜料	18%	稀释剂	7%
聚酯丙烯酸酯	22%	光引发剂	10%
环氧丙烯酸酯	15%	助剂	6%
聚氨酯丙烯酸酯	22%		

UV 油墨黏度（25℃）为 3.0Pa·s（3000cP），固化速度是 150m/min，在纸张及某些塑料上附着较好。

5. UV 凸印油墨

环氧丙烯酸改性树脂	20%	二苯甲酮	8%
环氧亚麻仁油丙烯酸酯	15%	三乙醇胺	3%
双酚 A 环氧丙烯酸改性树脂	20%	四氟乙烯蜡	2%
甘油丙氧基三丙烯酸酯	10%	颜料	22%

UV 油墨黏度（25℃）2550mPa·s，固化速度是 50m/min，附着力（划格法）100/100，光泽（60°）86。

6. UV 黑网印油墨

脂肪族聚氨酯丙烯酸酯	26.8%	异丙基硫蒽酮	0.5%
三丙二醇二丙烯酸酯	20%	光引发剂（SR1111）	4%
乙氧基三羟甲基丙烷三丙烯酸酯	28%	炭黑	6%
二季戊四醇五丙烯酸酯	10%	润湿剂（SR022）	0.2%
907	4.5%		

UV 油墨黏度（25℃）1700mPa·s，固化速度是 25m/min，附着力极好，光泽（60°）78。

7. UV 白网印油墨

聚氨酯丙烯酸改性树脂	27.75%	钛白粉	25%

环氧丙烯酸改性树脂　　　　　10%　　润湿剂（SR022）　　　0.25%
丙烯酸-2-苯氧基乙酯　　　　　30%　　流平剂（SR012）　　　1%
光引发剂（SR1113）　　　　　 6%

UV油墨黏度（25℃）2550mPa·s，固化速度是10m/min，附着力极好，光泽（60°）65。

三、UV光源及固化机理

（一）UV光源

光固化技术是印刷行业的一种较先进的技术。光固化技术又主要以紫外光（UV光）固化为主，其余还有红外光、可见光固化等。

1. UV光源的构造

除去UV油墨的光化学性能之外，UV固化最重要的部分就是UV灯系统本身。UV光源是UV固化系统中发射UV光的装置，通常由灯箱、灯管、反射镜、电源、控制器、冷却装置、紫外线遮蔽等部件构成。常采用的UV光源一般是经电能激发的紫外灯，它的性能参数主要有：弧光长度、特征光谱、功率、工作电压、工作电流和平均寿命等。

2. UV光源的光谱特性

UV光源虽然发射的主要是UV光，但它并不是单一波长的光，而是一个波段内的光。不同的UV光源发射光的波段范围不一样，波段内光谱能量的分布也不同。

UV油墨对UV光是选择性吸收的，它的干燥受UV光源辐射光的总能量和不同波长光能量分布的影响。

3. UV光源与UV油墨的匹配

根据UV光源的光谱特性，这种匹配就是要使所用UV油墨中的光聚合引发剂选择吸收的光量是UV光源光谱中能量分布最高的那部分。UV油墨与UV光源的正确匹配，有利于加快油墨的干燥速度，提高劳动生产率，提高能源的利用率，降低企业的生产成本。与UV油墨相匹配的UV光灯的发射光谱一般为200~450nm，其中波长为300~310nm或360~390nm的光的能量分布是较好的。

实际生产中，由于材料本身特性的不同，使用UV油墨时往往出现干燥不良的情况，这就是由于忽视了UV油墨与UV光源的匹配问题。

（二）UV固化机理

UV固化油墨是依靠紫外线的能量来干燥的。UV油墨与传统油墨的不同之处在于：传统油墨的成膜是物理作用，树脂已经是聚合体，溶剂将固体的聚合物溶解成液状的聚合物，使其便于印刷在承印物上，然后溶剂经挥发或被吸收，使液状的聚合物再回复成原来的固态。UV油墨的成膜是利用紫外线光波感光作用使墨成膜和干燥，UV墨干燥和成膜的机理是一种化学变化，即从单体到聚合体，是化学作用，即UV油墨连结料中的不饱和双键，在光引发剂的作用下，利用紫外线光源进行照射，UV油墨中的光引发剂吸收一定波长的光子，激发到激发状态，形成自由基或离子，然后通过分子间能量的传递，使聚合性预聚物和感光性单体等高分子变成激发态，产生电荷转移络合体，这些络合体不断交联聚合、固化成膜。其固化过程可以概括为：

(1) 引发剂受紫外线照射被激发，形成自由基。

(2) 自由基与树脂连结料中的双键作用形成长链自由基。

(3) 不断增长的长链进一步反应，形成聚合物固化。

（三）影响 UV 油墨固化的因素

(1) 承印材料的种类和颜色。有些种类、颜色的材料具有特别能吸收紫外线的性质，这些材料的固化会变慢，因此，紫外线固化油墨的固化时间随颜色不同而有所区别。此外，同种类的材料也会因等级的不同而固化性有所差异。

(2) 颜料的种类。特别能吸收紫外线的颜料会使固化减慢。特别是调色时，各种原色油墨没有固化问题，但调色油墨会有固化不良的问题，尤其是用高浓度白与暗色（黑、蓝等）调墨。紫外线的固化特性为：红＞黄＞蓝＞黑。

(3) 光固化引发剂。添加光固化引发剂是提高 UV 油墨固化性能的有效方法，但过量添加光引发剂反而会阻碍固化，添加量应在 4% 以内。

(4) 印刷墨膜厚度。印刷膜越薄，固化性越好。一般的有色油墨在 $10\sim12\mu m$ 的膜厚范围内能获得充分的固化，膜厚超过 $15\mu m$ 以上，会发生因固化不良而引起附着欠佳的现象。

(5) 照射时的温度。UV 照射时的周围温度对 UV 油墨的固化有很大的影响。温度越高，固化性越好。因此，预热会使油墨的固化性增强，附着性更好。

另外，印刷机械速度的快慢、UV 反射罩种类、UV 灯管强度都会影响 UV 固化。

四、UV 油墨技术的特点及使用问题

（一）UV 油墨技术的特点

与其他油墨相比，UV 油墨在环保和质量方面都具有明显的优势。UV 油墨技术在提高产量、缩短交货期、改善作业环境、提高套印精度，以及耐溶剂性、耐刮伤性、油墨没有结皮浪费等方面都有助于提高包装印刷产品的质量和降低成本，并能符合环保要求。归纳起来，UV 油墨技术主要有以下特点。

(1) 一种绿色印刷技术。UV 油墨整个固化体系为无溶剂体系，几乎是 100% 的无溶剂配方，消除了 VOC 挥发性有机物质对印刷物的侵蚀破坏和人体的损伤，避免了环境污染，可用于食品、饮料、烟酒、药品等卫生条件要求高的包装印刷品。同时，由于 UV 油墨固化速度快，印刷过程中不需要进行"喷粉"防脏，这一方面大大改善了环境，另一方面也减少了喷粉对机器的磨损。因此，UV 油墨技术被认为是一种绿色包装印刷技术。

美国环保署认为：UV 光固化油墨比传统的溶剂墨更加环保，尽管许多空气质量管理条例限制来自溶剂墨的 VOC 排放，但含溶剂很少的 UV 固化油墨不受限制，而且避免了

由于这些限制而产生的费用。

（2）具有优良的干燥特性，生产效率高。现代印刷正向着快速、多色一次印刷的方向发展，由此对油墨提出了新的要求，油墨必须在印刷机上不干，而到印刷品上要能迅速干燥，这样才能满足高速连续印刷的要求。目前在快干型油墨中发展最快的就是紫外光固化油墨，UV固化不需要热源，能实现快速固化的特点正好符合现代印刷的发展要求，这也正是UV油墨技术能够得到迅速推广和应用的主要原因。UV油墨即使在墨斗中长期存放，性能也能保持稳定，能实现机上不干，印后即干的理想条件，尤其适用于高速的柔印。UV油墨在紫外线光照下几乎立刻发生固化聚合反应，它的干燥速度比传统油墨有了极大的提高，从原来的7min降低到了15s，节省了96％的时间，产品印完后可立即叠放，不会发生粘连。因此，UV油墨的推广使用大大解决了热敏纸等特种承印材料高速印刷中印迹不干的问题，它特别适合多色高速印刷及非吸收性材料的印刷，可大大提高生产率，印刷速度可达100～300m/min，最快可超过500m/min。

（3）低温固化，适应范围广。UV油墨是一种低温固化工艺，是在室温下的固化，这就满足了一些特殊承印物的要求，如在一些热敏承印物中应用UV油墨能得到非常满意的结果，像软塑料、光盘、纸盒等。UV油墨可以在其他油墨所不能印刷的承印物上印刷。UV油墨在纸张、铝箔、塑料等不同的印刷载体上均有良好的附着力，印刷适性特强，能满足多种承印物的需要。

（4）UV油墨物理、化学性能优良。由于UV固化干燥的过程是UV油墨光化学反应由线性结构变为网状结构的过程，所以UV油墨具有耐水、耐醇、耐酒、耐磨、耐热、耐老化等许多优异的性能，这是其他各种类型的油墨所不及的。UV油墨能够使印品墨层结实、快干及交叉联结，这样墨层具有较强的耐摩擦性，其耐磨性是传统油墨的1300％。许多用于直接邮寄的由UV油墨印刷的铜版纸印品可以经受多次折叠，并能承受再次激光印刷时的强辐射。UV油墨在干燥后还具有极高的抗溶剂性，这种抗溶剂性部分源于交联干燥油墨层的高交联密度（大分子质量），较高程度的交联使得各分子在溶剂作用下也不能彼此分离和溶解。

（5）印刷产品效果好。UV油墨的印刷适性好，UV灯散发出的热量不会对印刷物造成损坏，印刷过程温度稳定，不易糊版、堆版；可用较高黏度印刷，着墨力强，网点扩大减少，网点清晰度高，阶调再现性好，适合精细产品印刷；墨色鲜艳光亮，附着牢固，UV油墨可以生成目前最具光泽的墨层，浓度稳定，不会因浓度的不同而造成某一色调过浓或过淡。

（6）经济、节能。UV设备体积小，所用的固化设备比传统的热干燥传送装置占用的空间更少，占用厂房空间少；UV油墨固化时不需要热能，所需耗能仅为传统型的20％左右；印迹固化成分多，有效成分高，几乎100％转化为墨膜，其用量还不到水性油墨或溶剂油墨的一半。因此，UV油墨的综合成本还是比较低的。

除了具备上述优点，UV油墨目前也存在以下一些不足。

（1）价格较高。UV 油墨的价格高出普通油墨 1 倍，紫外灯的设备价格也较高，灯管的替换费比烘箱的维护费还要大，这成为推广紫外线干燥系统的主要障碍。

（2）印刷品不易回收。UV 油墨印在纸上后，墨迹不好清除处理，影响废纸的回收。

（3）产生臭氧。部分原料有一定气味、毒性和皮肤刺激性。

（4）其他不足。不能与普通油墨和上光油混合使用，辅助剂只能用专用辅助剂；UV 油墨印刷需要使用特制的橡胶辊和专用清洗剂或乙酸乙酯清洗；瞬间固化造成涂层内应力大，降低了对承印物的附着力；储存稳定性也不好，需要低温保存，保持期通常为 1 年；黑墨对紫外线的吸收能力强，固化速度较慢，印刷时需要适当减速印刷。

（二）UV 油墨的使用问题

UV 油墨在使用中，包括印前、印刷、印后处理都存在一些与普通油墨使用不一样的问题。

1. 印前准备

UV 油墨长期存放后会产生凝胶状，使用前必须充分搅拌后才能印刷使用。同时，应做好调墨工作，调整好油墨的黏度。根据用途，如果油墨较稠，需要降低油墨黏度，可添加 10% 以内的稀释剂，稀释剂有消光型和有光型两种，应与油墨配套使用；反之，可拌入消光清漆（高黏度，增黏性）或添加 JA－244、JAR－20 等粉末消光剂，在充分搅拌后印刷使用。

由于 UV 油墨可以在不同类型的印刷机上使用，所以在选用 UV 油墨时还需要注意 UV 油墨的适用性。对橡皮布、滚筒、印版、墨斗溶液及油墨做适当必要的调整对于 UV 油墨印刷来说是非常重要的。使用 UV 油墨（UV 上光油）可能导致一般的印刷墨辊、橡皮布或树脂版材肿大，应采用指定的 UV 专用橡皮布、树脂版和墨辊。

不能常常变换交替使用 UV 油墨和一般油性油墨，如果需要变换油墨，必须用专用的清洗剂清理干净，去除一切可能残留的化学品。UV 油墨也不能与一般油墨混合使用，若必须和其他品种的油墨混合时，应确认混合后油的印刷适性及凝固程度。例如，UV 的金银墨和 UV 的一般油墨混合后，会发生流动性恶化凝固、速度增快、光泽性变弱等现象。同品种品名的 UV 油墨可以相互拼混。

清洗 UV 油墨时，应用该墨的专用清洗剂（如溶剂残留在橡皮布、墨辊、水辊上时，应彻底去除，否则会导致油墨干燥不良和着墨不良的后果），对于已经在胶辊、印版或其他部位固化的 UV 油墨则采用无苯混合剂（如丙酮 1 份、汽油 2 份）进行清除。

另外，不同厂商提供的材料其基本特性与油墨适应性不同，UV 油墨并非所有材质都通用，其附着性必须依据不同性质油墨个别试验。在各种基材中，有少量对 UV 油墨的附着性、耐刮性、折曲适性不良的基材，所以必须选择对 UV 油墨适合的基材，或者选择适应于基材的油墨。UV 油墨中，分纸用和塑胶用，而塑胶用 UV 油墨也分为几种，在使用前应进行必要的性能测试。

2. 印刷

UV 油墨具有随温度的变化其黏度发生急剧变化的性质,这种黏度变化会对印刷适性及印刷膜厚产生很大的影响。通常,油墨温度降低的时候,黏度上升,膜厚变厚,油墨的黏度变得太高,还会产生发泡和气孔多等弊病。因此,在进行 UV 油墨印刷时应尽量保持恒温,一般以 18~25℃为宜。另外,有些油墨在湿度大的时候会吸湿,发生增黏和凝胶等问题。

在不易附着的材料上印刷时,油墨印刷后在通过 UV 照射前应进行预热,用近红外线、远红外线等进行 15~90s 预热,这样附着性会有很大的提高。

对 UV 油墨来说,一般黄色和红色紫外线比较容易透过,蓝色和黑色紫外线(特别是黑色紫外线)很难透过。所以,如果为了提高印刷效果而过于增加印刷浓度会造成硬化不良、油墨擦落、附着性不良,甚至造成反面粘滚筒。由此,在 UV 印刷中应特别注意黑墨的印刷浓度。

3. 光固化

各系列的 UV 油墨都有各自的标准固化条件,应参考油墨产品说明书。有光型的 UV 油墨,印刷后可立即光固化,而消光型油墨印刷后至少要放置 0.5h 才能进行光固化。为此,光固化前最好进行试验,一是确定光泽度是否合适;二是测试耐磨性是否合格;三是确保耐磨性合格的前提下,尽量将固化速度调至最快。UV 灯管数量及强度必须根据印刷速度、墨膜厚薄程度和油墨颜色的明暗而定。正式印刷的固化条件因印刷材料、印刷条件的不同而有所变化。不同厂家与型号的 UV 照射机也会造成固化性的差异。所以,必须按照与印刷生产线相同的条件进行预备测试来决定固化条件。

另外,高功率的紫外线如果直接接触眼睛或皮肤,会对其造成损伤。操作人员一定要配备眼镜或采取其他保护措施。UV 油墨因其特殊性,如果其保存时间较长,最好放在冰箱内,温度保持在 5~8℃。停机时应在印版上盖上一层纸,以防止灰尘和光线。

五、UV 油墨的制造工艺及技术指标

(一)制造工艺

为满足不同的印刷方法和承印材料对油墨性能的要求,油墨的品种多种多样,不同品种的油墨都有相应的配方和相应的生产工艺过程。UV 油墨目前已运用于多种印刷方式和承印材料,其使用的连结料及油墨的原料和制作工艺也不尽相同。鉴于此,这里列举两例 UV 油墨的制作工艺,仅供参考。

1. 武汉制作 UV 油墨工艺流程

先将树脂投入反应釜,加热到 120~130℃时,停止加热,当温度降至 120℃时,把光引发剂投入反应釜中搅拌均匀,再持续降温至 100℃,投入增感剂和着色剂,继续降温至 60℃时,将事先准备的辅助树脂、增硬剂、增塑剂混合投入反应釜中,分散均匀或轧至细度合格后即得到 UV 光固化印刷油墨。

2. 西安 UV 连结料制作工艺

先将安息香研细加入树脂中，升温120℃，充分搅拌，并恒温（120℃）20min后，降温至80～60℃时加入对苯二酚，搅匀升温至70℃，溶解后，再降温至60℃，加入氯化亚锡，搅匀；降至40℃左右，加入安息香乙基醚，并搅匀待用。

（二）技术指标

UV 油墨生产的技术指标主要有以下几项：

(1) 颜色近似标样。
(2) 细度 15～25μm。
(3) 流动度 20～35mm。
(4) 着色力 90%～110%。
(5) 黏性（32℃）1.5～2.5Pa·s。
(6) 冲击强度 29.4N·m（30kgf·cm±5kgf·cm）。
(7) 光固化时间 1～3s。

六、UV 油墨的发展动态

（一）UV 油墨的生产应用概况

UV 光固化技术的应用最早出现在20世纪50年代早期的汽车喷绘上，20世纪60年代开始应用于胶印领域，到20世纪70年代 UV 光固化油墨已在丝网印刷中占据了重要地位。至今，在模拟印刷方法中包括凸、凹、胶、网印刷方法都已使用 UV 油墨，并广泛应用于纸张、纸盒、包装纸、标签、金属箔、有色金属（如马口铁）、塑料（如聚乙烯复合纸）的印刷。紫外线（UV）固化油墨作为光固化材料的一大类，在包装印刷工业中已得到广泛应用，它的出现为印刷业向多色化、高速化发展做出了贡献。

目前，UV 油墨已在印刷业中占了很大的市场份额。在美国，使用 UV 油墨（包括 UV 上光油）的印刷工业产值每年有 1.5 亿～2 亿美元。继美国之后，日本在20世纪70年代不仅开始 UV 油墨的工业化生产，还能生产 UV 油墨产品的印刷设备，并有配套的 UV 罩光油，1996年日本的 UV 固化油墨的产量就达到10500t。据统计，目前日本的 UV 油墨年产量约 1.6 万t，欧洲约为 1.8 万t，北美洲约 1.8 万t，其中柔印墨和胶印墨增长最快。在 UV 油墨方面发展最快、生产设备比较完善的当数澳大利亚，澳大利亚还开发有各种用途的 UV 系列彩色油墨、上光剂、胶辊、橡皮布等器材。与此同时，国外安装有 UV 油墨固化系统的柔印机也在不断增加，现有柔印机也在不断地改装成 UV 油墨固化系统。总之，以 UV 柔印油墨取代水基油墨和溶剂型油墨已成为一种发展趋势。

UV 固化技术作为一种环境友好的绿色技术于20世纪90年代初进入我国，并很快形成了一个新的产业。目前，我国印刷用 UV 材料平均每年增长率达25%，据预测，年需求量已超过2500t。近年来，我国已加快了 UV 油墨的研制速度。在设备方面，先后引进了紫外固化印刷设备，如最早是天津印铁制罐厂从英国引进了3色紫外线生产线，其次是武汉印铁制罐厂，云南、北京、杭州、上海、南京、哈尔滨等省和城市引进了日本4色、6色高速纸盒和不干胶生产线。在油墨方面，首先是天津油墨厂研制出印铁、印纸油墨，后来国内其他油墨厂也将紫外光固化油和罩光油投入工业化生产。目前，我国的辐射固化产业经历了近10年的发展，取得了令人瞩目的成绩，已经进入世界先进行列。据资料介绍：至2000年，我国辐射固化用单体的产量为5436t，低聚物产量为700t，光引发剂产量为6990t，UV涂料产量为11271t，UV油墨产量为2070t（UV油墨生产的具体情况见表4-21），年产光源13万支，专用设备238台/套，总计产值15.97亿元。但由于UV油墨的研制和生产难度较大，至今国产UV油墨中较成功的以普通网印油墨居多，高质量的胶印UV墨和柔印墨仍靠进口。在原材料中，国内低聚物生产目前还比较落后，国内UV设备器材的配套也还不完善。在我国，目前UV油墨主要应用在卡纸和卡片印刷、金属印刷、商业票据印刷、标签印刷、杯及软管印刷等领域。

表4-21 2000年我国UV油墨的生产情况　　　　　　　　　　　　　　　单位：t

产品	胶印	柔印	网印	阻焊剂	光成像	光盘	总计
产量	225	62	613	860	150	160	2070

另外，UV油墨在近年来发展很快的丝网印刷中已经显示出引人瞩目的前景。目前，UV固化油墨在网印中的问题是光线不能穿透不透明的墨层，不适合厚墨层的印刷。UV固化技术能够达到的优良打印性能也使其具有很好的市场前景，喷墨打印系统的制造商们已经找到了可行的UV固化解决方案。同时UV光固化油墨也解决了喷墨技术的难题之一，即溶剂基油墨在不连续喷射时存在有时阻塞喷嘴的现象。

（二）UV油墨的发展趋势

自从美国加利福尼亚州确认UV技术属于安全的环保技术以来，UV油墨已成为近年来迅速发展的一种环保型油墨。环境问题和UV油墨及其固化干燥系统技术日益完善是促进UV油墨近年来迅速发展和大量使用的主要原因。在环保方面，得益于它遵循了"3E原则"，即"能源"（energy）、"生态"（ecology）和"经济"（economy）原则。它只需要常规溶剂油墨固化能耗的1/5甚至1/100；辐射固化所采用的活性化学配方不含（或少含）挥发性溶剂，属零排放（或低排放）技术，属"绿色技术"，能降低原材料消耗，较经济。据RadTech协会的调查表明：89%的UV油墨用户应用UV油墨技术的主要原因是必须遵守环境法规，UV油墨消除了挥发性有机物（VOC）排放问题的压力。在美国，由于联邦或地方空气质量标准变得日益严格，更多的印刷公司采用UV油墨技术进行产品的印刷。在欧美各国因环保法规要求，一般使用水性、UV油墨，UV油墨与水性油墨相比黏度高，固化后油墨膜的耐久性良好。因为UV油墨对塑料、薄膜的贴紧性好、表面光泽性好，所以今后的使用范围将会更大。

在技术方面，辐射固化技术作为一项新技术在印刷上的应用，必然联系着新材料和新设备，这是一个系统工程。虽然在应用中还存在诸多令人不满意的问题。但从中长期看，它必然有着巨大的发展空间和市场,在不久的将来必将给印刷业带来更多的好处。目前,UV 光固化技术的研究已经消除或减少了早期 UV 油墨的许多不利特性,新的配方在提高墨层性能的同时,已经减少了引起用户过敏反应和产生令人反感气味的成分。有专业人士指出:UV 油墨已经克服了固化干燥等方面的许多困难,如皮肤对 UV 油墨中某些化学成分的过敏性、UV 油墨的较难清洗的问题、很难获得较良好的胶印质量等,这些都使 UV 油墨成为理想的选择。目前,UV 油墨的遮盖力已完全可以与溶剂型油墨相匹敌,今天的 UV 油墨还可以和许多胶黏剂相容。新的 UV 油墨配方最多可以进行 15 层印刷和固化,而不会出现层合不良现象。最新研制出的用于塑料薄膜及类似材料的 UV 油墨,可以进行高速印刷。另外,最新的窄幅柔印机已兼顾了水性墨烘干和 UV 固化的要求,可以说继水性油墨成功之后,是 UV 油墨再一次推动了柔印的发展。柔性版印刷的新选择是用通用的 UV 油墨(所谓通用油墨即从纸张到薄膜印刷都可适用的一种油墨),这在欧美已进入实用阶段。

总之,目前无论从环保的角度还是技术发展的角度考虑,UV 油墨都是很有前途的。但值得指出的是,尽管 UV 固化技术的应用得以迅速发展,但仍存在不足,还需要在以下几个方面加大研发力度:

(1) 开发低刺激性活性单体,解决 UV 油墨对人体的刺激、引起过敏等问题。

(2) 开发 UV 固化色墨用光引发剂,解决色墨的深层固化问题。

(3) 改进油墨对承印物的附着性,解决因光固化速度快、墨层内应力不能及时释放导致的在某些承印物上附着不牢的问题。

(4) 开发阳离子及阳离子—自由基 UV 光固化体系,阳离子固化体系比自由基固化体系具有表面固化性好,对人体皮肤刺激小,固化后墨层内应力小、体积收缩小、柔韧性和附着性好等优点,已成为目前研究开发的热门课题。

(5) 开发水性 UV 光固化油墨。20 世纪 80 年代初就有了含水 UV 油墨,目前已成为 UV 油墨的一个重要发展方向。普通 UV 油墨由于预聚物黏度一般都很大,需要加入活性稀释剂进行稀释,而目前使用的活性稀释剂(丙烯酸酯类化合物)具有不同程度的皮肤刺激性和毒性,因此,在研制低黏度的预聚物和低毒性的活性稀释剂的同时,就是发展水性 UV 油墨。

水性 UV 油墨结合了 UV 油墨和水性油墨的优点,它保持 UV 油墨的印刷和干燥速度,通过使用水而简化了油墨调节和印刷清洗的过程。水性 UV 油墨比传统 UV 油墨的墨层薄,水性 UV 油墨中的水在干燥过程中挥发掉,减少了干墨层的厚度,为后面的各色油墨提供了光滑的油墨表面,使印刷厂可以选择较细的网线进行分色印刷,比普通 UV 油墨更具有无刺激、无污染,更安全等特点。与常用 UV 油墨相比,水性 UV 油墨气味小,因为水减少了丙烯酸酯单体所特有的丙烯酸的气味,同时最终的印件也不会给用户带来特殊的 UV 气味,必要时,调节油墨借助于水即可完成,不需要添加剂。

早期的水性 UV 油墨有毒、稳定性差、承印物受到限制、需要预先干燥去掉多余的水分。随着UV油墨在化学方面的进步以及水性油墨原料的改进，水性UV油墨获得了较大的发展。目前，国外油墨厂已研制出多种水性UV油墨的组成：最初是使用光致反应乳剂，这种油墨虽然有许多好处，但它缺乏稳定性并且在UV干燥前需要预先干燥。目前，这种乳剂在美国已不再使用；第二种是使用常用的低聚物的水溶性单体，这种触变性配方中的含水量是有限的，它可能影响墨层厚度和最终的干燥速度；最后一种水性UV油墨除了含有水之外，还有水溶性低聚物和少量单体，这些低聚物需要专门配制，油墨含水量为50%。可以看出，水实际上取代了常用UV中的一些树脂单体。UV水性油墨选择的光引发剂和添加剂是专门的，因为这些组分必须在水性系统中起到理想的作用，水性UV油墨含水百分比是决定干墨层厚度和印刷品质量的主要因素。

目前，水性UV油墨在网印的某些应用中有着许多显著的优点，尤其适合在涂料纸及纸板上进行加网印刷和四色印刷。水性UV油墨可用在一切网印设备上，并适用于高速轮转印刷机。水性UV油墨在欧洲较普遍地用于瓦楞纸板上印线条图案，薄型非涂料纸不适用于水性油墨，因为这种纸张吸收水分后易起皱。可以预测，随着对水性UV油墨更加深入的研究，它必将在越来越多的应用中取代普通的UV油墨。

第四节 EB油墨、大豆油油墨材料

一、EB油墨

EB油墨是指在高能电子束的照射下能够迅速从液态转变成固态的油墨，又称电子束固化油墨，是近年来发展起来的又一种新型的环保型油墨。电子束固化能使用户以较低的成本生产出高增值产品，它的能耗低，生产速度快，运行费用低，而且无须溶剂，不会对环境产生污染。国外早在20世纪80年代已开发应用EB油墨，近年来国内印刷业也开始应用，取得了较高的生产效益。

（一）EB油墨的组成配方

EB油墨的组成与一般油墨相似，主要有颜料、连结料、辅助剂等物质。但因其靠电子束来实现油墨的固化，所以在组成物上，特别是连结料的选择上有特定的要求。EB油墨连结料的主要组分是丙烯酸类树脂及参与反应的活性单体，这类聚合物的通性是具有高度不饱和性。当它们受到外界能源如光或电子的激发后，使分子由基态变为激发态，不饱和双键被打开，产生游离基从而引发链增长聚合反应，使低聚物与单体分子间发生交联聚合，生成网状的聚合物，墨层迅速固化结膜。另外，由于EB油墨目前主要用于食品包装印刷，对颜料的无毒性要求较严格，限制了颜料的选用范围。

EB油墨的固化机理与UV油墨相似，其在组分上除了不加光引发剂外，与UV固化

油墨类似。当 EB 油墨中加入一定量的光引发剂时,即可进行紫外线固化。

以下是 EB 油墨连结料的一个典型配方:

丙烯酸环氧酯	33.5%	N-乙烯吡咯烷酮	25.0%
三羟甲基丙烷三丙烯酸酯	20.0%	润湿剂	0.5%
三丙烯基乙二醇二丙烯酸酯	20.0%	卡诺巴蜡	1.0%

其中,丙烯酸环氧酯是 EB 油墨连结料的成膜物质,起到增加墨膜硬度和提高抗腐蚀性的作用;三羟甲基丙烷三丙烯酸酯可以降低油墨的黏度,提高树脂的软化点,增加墨膜硬度;三丙烯基乙二醇二丙烯酸酯起到降低油墨黏度的作用;N-乙烯吡咯烷酮是调节黏度的良好稀释剂,这些单体物质参与聚合反应,与预聚物交联成高分子聚合物;润湿剂可以增加连结料对颜料的润湿性,调节油墨的流动性能;卡诺巴蜡可以增加墨膜的表面光滑性。

(二) EB 油墨的固化机理及特点

EB 也是一种辐射,它是一束经过加速的电子流,粒子能量远高于紫外线,可使空气电离,这种高能电子束又称为电辐射。电子束固化一般不需要光引发剂,可直接引发化学反应,物质的穿透力也比紫外线大得多。辐射固化采用的设备是一种扫描型电子加速器。EB 油墨的固化机理与 UV 油墨近似,都是经过游离基引发,从而发生链增长反应。但它们之间又有显著区别,EB 油墨不需要光引发剂,它是靠热离子阴极管发生的高能量电子束直接轰击相对分子质量较低的预聚物和单体,即 EB 油墨中的丙烯酸类物质在高能量电子束的照射下,其双键断裂,直接产生游离基,从而产生聚合反应,使 EB 油墨固化。另外,由于低相对分子质量的丙烯类树脂在常温下是黏稠的胶态,故不需要用溶剂溶解,油墨中不含有溶剂。

EB 油墨具有以下几个方面的特点。

(1) 固化速度快,干燥彻底,不受墨层厚度限制。固化速度快是 EB 油墨最大的特点,EB 油墨在电子束作用下,发生链增长反应,墨层固化只需 1/200s,比紫外线油墨固化速度快很多。

(2) 安全环保。EB 油墨的另一特点是安全、无有害挥发物,由于成分中不含溶剂,对环境、包装物没有污染,所以 EB 油墨在食品包装印刷领域应用前景广阔。由于电子束固化油墨所用的电子束能量很高,穿透力很强,可以保证墨膜的表层和内部都能够迅速干燥,不受墨层厚度的限制,而且比 UV 油墨更安全。EB 油墨与 UV 油墨一起成为丝网印刷中最有使用前途的两类油墨。但目前 EB 油墨固化装置售价还比较昂贵,推广应用还存在困难。

(3) 印刷质量高。EB 油墨能在各种承印物上印刷,印刷质量优于溶剂型和水基型油墨,与 UV 油墨的印刷质量类似。另外,EB 油墨具有网点扩大率小、良好的网点复制效果和遮盖力、印迹亮度好、耐磨及耐化学侵蚀、印刷成本低等优点。在印刷行业中,紫外油墨固化进展很快,在许多低速到中速的窄幅印刷应用中,UV 油墨是一种比较经济的加工方法，但在宽幅高速印刷时，电子束加工就显得比较适宜了，这是因为电子束加工是一种冷加工，它产生的热量比 UV 少，当对有热敏性的薄膜等基材印刷时这一点显得尤为重要。另外，EB 油墨含水量不超过 0.1%，在纸张印刷中，EB 油墨对纸张含水量的影响较小，保证了纸张尺寸的稳定性。

（三）EB 油墨的使用

（1）EB 油墨对固化装置要求较高，采用热离子阴极管发生高能量电子束，功率较高。但在高速多色印刷中，仅需一个此装置，安装在最后一色的机组后，在多色印刷完成后，经电子束照射，多层墨层一次固化干燥。由于空气中的氧气会抑制墨层中的游离基的活性，不利于链增长的聚合反应，所以固化处理室内必须充满活性较小的气体，通常是用氮气，以保证固化处理室内的氧含量低于 $1000\mu L/L$。相对而言，EB 油墨的固化要求比 UV 油墨要复杂，这也是 EB 油墨的一个弱点，使它应用的广泛性受到限制。

（2）EB 油墨在印刷过程中，对油墨黏度、黏着性的控制要求较高。由于高速多色印刷过程中油墨是在湿叠湿的状态下进行的，如果后一色油墨的黏着性大于前一色，则在油墨转移过程中网点重叠部分往往将前一色的墨层部分剥落，使得后印油墨无法充分转移到前一色墨层上，而且还会使前一色墨混入后一色墨中，产生混色现象。根据 EB 油墨的组成特点，在印刷过程中不能自行固着和固化，所以对每一色墨的黏着性要求较高，色序间的黏着性要依次降低，而且要求有明显的差距，否则会产生一系列的故障。通常 EB 油墨四色墨的黏度分高体系和低体系两大类。高体系的黑、青、品红、黄四色墨的黏着性分别是 21、19、17~18、16；低体系的黑、青、品红、黄四色墨的黏着性分别是 18、16、15~14、13；专色墨的黏着性一般在 5~15 之间。这些数值并不是一成不变，使用中还需要根据印刷色序的变化，调整每一色油墨的黏着性。一般黏着性较低的 EB 油墨不能作为印刷色序较前的油墨，EB 油墨对此方面的要求比其他油墨严格得多。目前，EB 油墨的黏度调整剂中只有稀释剂起降低黏度的作用，所以在印刷工艺设计中决定色序时应充分考虑油墨的黏着性是否允许。

（3）EB 油墨在使用过程中对润湿液的 pH 值和电导率有一定的要求，一般采用 pH 值在 3.8~4.1 范围，电导率一般控制在 1000~2800S/m。

（4）EB 油墨的清洗。在印刷过程中，需要对墨辊、橡皮布、印版清洗时，应采用专用的清洗液。一般为异丙醇和正庚烷等溶剂的混合液。EB 油墨对橡胶辊、橡皮布有一定的侵蚀作用，应采用相应的胶辊和橡皮布。

（5）EB 油墨在存放过程中不需要隔绝氧气。与普通油墨的不同点在于，普通油墨是墨罐的表面先结皮，而 EB 油墨起暗反应且首先发生在墨罐的底部，由底部向上逐渐固化。EB 油墨存放期一般在 1 年左右。一旦墨罐底部的油墨开始固化，整罐油墨就失去了使用价值。

二、豆油油墨

大豆油油墨的研制是为了振兴美国的大豆农业和适应 VOC 限制的需要发展起来的。

大豆油油墨是由美国新闻发行协会（ANPA）倡导使用大豆油油墨印刷报纸、电话本开始的，早在1979年美国就研制成功用大豆油作为制造油墨所需石油系溶剂的代用品。由于大豆油油墨不含污染大气的挥发性有机化合物，无臭、无毒，因此该油墨的开发不但可以防止大气污染，还可以延缓石油的枯竭，是新型环保油墨。

油墨中大豆油的含量视油墨的用途而异，一般在25%～55%之间。用大豆油制成油墨的优点是：大豆油的透明度高，其成色比石油系油墨优越，这点对报纸彩色化非常有利。大豆油油墨的另一特点是很少掉墨，而且呈色性好，等量的大豆油油墨可以比传统的油墨多印10%～15%。另外，该油墨为兼用性油墨，不但可以用于涂布纸、无光涂布纸等薄纸，还可用于卡纸等厚纸的印刷，甚至还可以用于E瓦楞和细的瓦楞纸。再有，由于不含石油类的溶剂，所以与传统的油性油墨相比，在后期加工阶段，其与水性涂布上光油、UV上光油在密附性、光泽性方面的适性也很好。

目前，大豆油油墨的普及推广很快，以欧洲率先，日本、韩国继之。据报道，美国90%的报社开始使用大豆油油墨。在美国，大豆油油墨正在逐步取代以冷凝轮转胶印油墨为中心的矿物油油墨。Gans油墨和消耗品有限公司在全美国有许多生产场地，提供Soy Plus油墨，这种豆油油墨只含有不到10%的VOC（挥发性有机化合物）。该公司声称，由于在油墨中添加了胡桃油，所以此种油墨比普通豆油油墨的凝固速度快，此种油墨在印机上性能特别稳定，适于印刷涂料纸和非涂料纸。日本大阪印刷油墨生产公司近来推出了100%采用植物油（主要为大豆油）、不含VOC成分的单张纸胶印油墨"OpitoneEcoSOY－100"，该油墨已经通过美国大豆协会的认证并投放市场。据该公司表明，伴随着适于大豆油的新树脂、干燥催化剂的开发，此种新型油墨解决了传统的大豆油油墨在印刷质量、印刷适性方面经常碰到的诸如干燥性、耐摩擦性、光泽性、润版液稳定性、油墨黏度稳定等方面的问题。

目前，大豆油并不是油墨制造厂家大量使用的唯一的植物油，还可以考虑选择荠子油、棕榈油等代替矿物油溶剂。例如：Van Son Holland公司使用的各种植物油中，低价酸芥子油、菜籽油、桐油及其他植物油也是Van Son油墨中大量使用的油类。

第五节 水性上光和UV上光材料

上光是包装印刷的表面加工技术之一。目前在包装印刷中，随着连线上光的发展，上光变得十分普遍，几乎成了一个必不可少的加工工序。与覆膜工艺相比，上光工艺更简便，易操作。同时，更重要的是，上光解决了覆膜的纸基不便回收、造成环境污染的难题。

目前，上光主要有油性上光（溶剂型上光）、水性上光和UV上光三类。从环保角度出发，油性上光的使用将会日益减少，而水性上光及 UV 上光将会增长。水性上光油是近年来国内外竞相开发的绿色印刷材料，它完全废弃了上光涂料中的有毒物质，以水为溶剂，具有极高的环保价值，采用水性上光油的印品可以通过生物降解回收。现代新型水性上光油是符合卫生、环保要求的"绿色材料"，被广泛应用于食品、医药等产品的包装上。另外，UV 上光油也是目前世界上公认的节能环保型产品，也是我国当前正加紧研究和应用推广的新型绿色包装印刷材料。

一、水性上光油

（一）水性上光油的组成配方及性能

一般来说，水性上光油主要分为三大类：传统水性上光油、适用于印后上光的现代新型水性上光油和催化型水性上光油。

1. 传统水性上光油

传统水性上光油的主剂是溶解在水中或是悬浮于水中的高分子聚合物，这种上光油由作为主剂的高分子聚合物、用于调整性能的添加剂、修正体系 pH 值使之呈碱性的胺、溶剂（水）四种基本成分组成。

由于这种体系中的聚合物都是高分子，是高黏度的物质，从而限制了体系中高分子的含量，导致水的含量高达 50%～70%，这样往往达不到产品对光泽度的要求，而且也使干燥变得十分困难。同时，溶剂全部是水，水的表面张力又比较大，因而上光油不容易流平铺展，这使得传统水性上光油上光效果不理想。同时，该体系为了得到水溶性需要加入酸或胺等附加成分，这些成分在干燥过程中会释放到空气中，成为一种附加的污染源。

2. 现代新型水性上光油

在传统水性上光油中加入助剂（主要是表面活性剂），就形成了现代新型水性上光油。新型水性上光油以乙二醇或丙二醇来取代 80% 的水，使水的含量降为 10%～25%，而乙二醇或丙二醇的含量则高于水的含量。这一方面使得现代水性上光油一般都能达到 50～80 亮度单位，同时通过增加固体物质的含量甚至可以使之达到 90 亮度单位。调整上光油中的固体含量还可以获得高光泽、普通光泽、哑光泽等不同的上光效果；另一方面也使得干燥速度有所提高，解决了传统水性上光油的干燥问题。新型水性上光油主要由以下三大部分组成。

（1）成膜物质。成膜物质是上光油的主剂，通常为各类天然树脂或合成树脂。印刷品上光后膜层的品质及理化性能，如光泽度、耐折性、后加工适性等均与成膜物质的选择有关。用古巴树脂、松香树脂等天然树脂作为主剂的上光油，成膜的透明度差，时间久了易泛黄，若在高温、潮湿的气候条件下，还容易发生回黏现象。用合成树脂作为主剂的上光油，具有成膜性好、光泽度高、透明度高、耐磨、耐水、耐气候、耐老化等一系列优良性能，而且适用性极强，挥发型、紫外固化型等不同类型的上光油均可作为主剂。随着化工工业的发展，天然树脂类上光油正逐渐被合成树脂类上光油所代替。由此，目前水性上光油的成膜物质是合成树脂，常用的有丙烯酸树脂乳液或松香及顺丁烯二酸树脂等。

（2）溶剂。溶剂的主要作用是分散或溶解合成树脂及各类助剂。水性上光油的溶剂是水和少量辅助溶剂，与普通溶剂相比，水具有无色无味、无毒、来源广、价格低、挥发性几乎为零、流平性好等一系列优点。水是不燃的，这一优点有利于储存和运输，使用时接触安全。

（3）各类添加剂。添加剂的加入是为了改善水性上光油的理化性能和涂布工艺适性。常用的添加剂有以下几种。

①助溶剂（共溶剂）。正常情况下树脂和水属于不相混溶的体系，辅助溶剂的主要作用是使它们能相互混溶，降低黏度。常用的共溶剂有醇类、乙二醇醚类、丙二醇醚类等有机物。同时，由于单一的水挥发时其挥发性比溶剂低得多，加入一定量的辅助溶剂（如乙醇）后，可以提高水性溶剂的干燥性能，改善水性上光油的加工适性。

②成膜助剂。水性上光油干燥涉及较大颗粒之间的融合，需要加入成膜助剂。成膜助剂应具有的性能是：足够的化学稳定性；与聚合物分散液相容，加入后不会出现不稳定现象；有足够好的增塑效果，成膜时留在涂膜中起增塑效果，一旦成膜完成后，成膜助剂就立即挥发掉。目前较好的成膜助剂为酯酮类如乙二酸、苯二甲酸和苯甲酸丙二醇的酯以及醚醇类如丙二醇醚、乙二醇丁醚等。

③杀菌剂和防霉剂。因水性上光油多应用于食品及药品的包装印刷，其抗菌性无疑显得十分重要。杀菌剂使制品具有内在抗菌性，可以将沾染在涂料上的细菌在一定时间内杀死或抑制其增殖，保持自身清洁。抗菌剂的选择应考虑其时效性与涂料本身配伍性好，不影响其稳定性，且所获涂料可加工性好，同时不会引起成本大幅上升。目前多使用无机杀菌剂。另外，由于水性上光油与环境的相容性较好，但也增大了其他微生物进攻的机会，所以应加入防霉剂。

④表面活性剂。为了降低水性溶剂的表面张力，提高流平性，常常在水基涂料中添加表面活性剂。表面活性剂可分为阴离子表面活性剂、阳离子表面活性剂、非离子表面活性剂和两性表面活性剂四大类。用于水性上光油的表面活性剂一般是阴离子和水溶性非离子表面活性剂。

⑤流平剂。为了帮助膜层在干燥之间完成流平过程，可以在水性涂料中适当加入流平剂，流平剂的主要作用是降低涂料表面张力、调整溶剂挥发速度、改善流动性、延长流平时间等。

⑥浸润剂和分散剂。为了改善树脂的分散性，防止粘脏和提高耐摩擦性，可以在水基涂料中加入浸润剂和分散剂。

⑦消泡剂。为了控制上光剂在涂布过程中出现的起泡现象，消除鱼眼、针孔等质量缺陷，可以使用消泡剂。

3. 催化型水性上光油

催化型水性上光油属于热固性涂料，它主要由四个部分组成：涂料重要组成部分——

多功能高分子；多功能交联高分子，可以修正主要的高分子和完成反应；使前两种物质发生反应的催化剂；以水为主的混合系统的溶剂。这种上光油中的固体含量一般较高，水的含量为20%～40%。同时，含有游离甲醛，而甲醛是一种致癌物质，对人体健康有害。

使用催化型水性上光油进行上光的印品不能回收利用。但是，催化型水性上光油的上光亮度很高，可达100亮度单位，可以与辐射固化型（UV固化）上光油相媲美，而且它的价格比辐射固化型上光油低很多。鉴于此，催化型水性上光油一般应用于对卫生要求不太高的印刷品的上光，比如扑克、挂历等印刷品的上光。

从表4-22可以看出，三种水性上光油固含量以及溶剂等组分各不相同，这就导致了上光油黏着力、黏度、表面张力、挥发性能的不同，而这些正是影响上光性能的主要因素。

表4-22 三种水性上光油的组成比较

组成	传统水性上光油/%	现代水性上光油/%	催化型水性上光油/%
成膜物质	30～45	30～40	0
多功能高分子	0	0	40～60
催化剂	0	0	20～30
添加剂	5～15	5～15	5～15
乙二醇	0	30～40	0
胺	3～10	5～15	5～15
水	50～70	10～25	20～40

（1）水含量的大小。水含量的大小对水性上光油的影响很大。传统的水性上光油的含水量高达50%～70%，上光后达不到所需的光泽度，干燥也困难。现代水性上光油与催化型水性上光油的含水量没有传统水性上光油大，其上光性能相应要好得多。

（2）表面张力。表面张力也是影响上光性能的一个重要因素。不同表面张力的水性上光油对同一种基材的润湿、附着、浸透作用不同，导致上光后的效果差异很大。表面张力较小的水性上光油能够润湿、附着、浸透各类印品表面的实地或图文墨层，而表面张力较大的水性上光油不能达到这一点，尤其当上光油表面张力值大于印刷品墨层的表面张力值时，涂布后的上光油会产生一定的收缩，甚至在某些局部出现砂眼等故障。

从上述可知，传统水性上光油的上光性能较差，目前已经很少使用。从卫生和环保的角度来看，催化型水性上光油只能用于对卫生和环保要求不高的印刷品上。现代水性上光油既符合卫生和环保的要求，也有较好的上光性能，因此它是印刷厂家的首选"绿色材料"，应用也越来越广泛。

下面是水性上光油的配方，仅供参考。

丙烯酸树脂溶液	28%	消泡剂	2%
蜡质乳液	12%	异丙醇	9%
丙烯酸树脂	40%	水	9%

（二）水性上光油的特点

水性上光油具有无色、无味、无毒，低黏度，成本低，来源广，可用水稀释和清洗，对操作要求相对较宽等特点。这是其他溶剂型上光油所无法相比的，如果加入其他助剂，还可以具有良好的光泽性、流平性、耐折性、耐磨性和耐化学药品等特性，所以特别适合食品、药品等包装物的表面处理与印后上光。

1. 环保特性好

水性上光油的一个主要成分就是水，因而赋予了水性上光油环境特性，上光液中不含挥发性有机物质，干燥后无味，进行上光作业时不会影响人体健康。水性上光油在使用过程中所产生的废料均可经生物分解与再生回收，对自然环境不会产生污染。

2. 成本低

水性上光比 UV 上光价格低廉，可连线作业在高速下进行印刷。水性上光适合糊盒后加工，可在印刷表面再行印刷、上光和烫金等，具有许多的后加工效益。

3. 应用范围广

水性上光除了对一般纸张进行上光，还能对特殊基材进行上光，如真空电镀纸板、铝纸、厚包装纸盒、食品包装品等。

目前，水性上光油由于具有较低的成本和环境特性而越来越受到重视，但它也还存在一些不足之处：

（1）缺乏 UV 所特有的光泽。

（2）对于非耐碱的油墨，有时碱性（pH 值为 8.0～9.0）会使感光油墨发生水化和色偏。

（3）容易产生尺寸不稳定的问题，特别是克重小于 $90g/m^2$ 的纸张。

（4）需要使用橡皮版或树脂版进行上光。

（5）干燥过程较慢，需要较长的干燥通道。

（三）水性上光的应用

水性上光油因环保特性而被非常广泛地用于各种印刷品和印刷方式中，特别是胶印包装印刷领域。由于水性上光油干燥之后印刷的包装产品不会产生气味，故特别适合食品、化妆品的包装印刷。

应用水性上光油应处理好以下几个问题。

（1）干燥温度。目前水性上光通常采用连线上光，属于湿叠湿。但为了得到较厚的膜层，则一般使用湿叠干的方式。为此，为了促使干燥，一般采用热风干燥和红外干燥混合干燥。但新型上光油是热塑性的，受热会重新变软、变黏，所以温度的控制尤为重要。在进行上光干燥的时候，温度应稍微低一点，以免干燥困难。在进行压光时，温度应相对高一点，能够使其重新变软，便于压光。上光成品的堆放温度不应高于 30℃，最好为 20～26℃，否则容易造成粘连现象。

（2）环境温度。当天气较热的时候，水性上光的印张很容易出现热黏结，避免这种故障的办法是首先选用与当时当地环境相适应的最佳水基上光液,其次成品堆放温度不应高于30℃,应在20~26℃的条件下堆放。

(3) 在水性上光中,会出现橘子皮现象以及油墨堆积在上光橡皮布上的问题,可以使用缓凝剂及润湿剂来解决。龟裂也是水性上光中常出现的问题,需要选择干燥匹配性较好的油墨和光油来解决龟裂问题。

(4) 承印材料。如果印刷产品是90g/m² 以下的纸张,要慎重使用水性上光油。因为厚纸尺寸稳定性好,薄纸尺寸稳定性差,而尺寸稳定性与印刷中水的用量、纸张的调湿、干燥时间和方式、上光油黏度的控制有很密切的关系。

(5) 保存。对于水性上光油的保存,温度是一个很关键的因素。在一般情况下,水性涂料的性能是稳定的,但温度的变化会影响其黏度。升高温度时,黏度变稀,反之则变稠,这种黏度的变化对以后的使用会有影响。不要让水性上光油冻结,因为凝结、解冻过程会破坏水性涂料的性能。水性上光油最好在室温20~22℃的环境下保存,保存期为6个月。

(6) 水性上光油的用量受承印物的吸收性影响很大,同时常用的上光油有亮光和打底两种,应注意根据上光的目的选择用量,如作为打底油则用量可少一些。

二、UV 上光

UV 上光近年来发展很快,是现在纸包装行业比较常用的一种印刷方式,尤其是在烟的包装上。

(一) UV 上光的原理

UV 上光同 UV 油墨一样,是一种辐射固化的方式,当光油被高能辐射固化时,光油变硬成膜。UV 光油属于 UV 油墨的一种,且有 UV 油墨的特性。

UV 上光的基本原理是利用紫外线照射,引发瞬间光化学反应,使印刷品表面形成具有网状化学结构的亮光涂层。与 UV 油墨一样,UV 上光所用的 UV 光油是利用紫外线的能量使其固化的,UV 光油经过波长为 200~400nm 波段的紫外线照射后,其组分中的光引发剂吸收光能量,经激发产生游离基,引发聚合反应成膜。

(二) UV 上光油的组成及特点

1. UV 上光油的 11 组成配方

UV 上光油由具有聚合性双键的丙烯酸酯类预聚物、丙烯酸酯类单体、光引发剂及其他助剂组成。最具代表性的丙烯酸酯类预聚物有:聚酯丙烯酸酯、聚醚丙烯酸酯、聚氨酯丙烯酸酯和环氧丙烯酸酯等。丙烯酸酯单体可以选择从单官能型到多官能型的许多品种。下面是 UV 上光油的配方,仅供参考。

蜡(滑剂)	1%
二乙醇胺(光聚合促进剂)	1%
2,2-二甲基-2-基苯乙酮(光聚合引发剂)	4%

2-羟基-2-甲苯丙酮（光聚合引发剂） 6%
1,6-二羟基己烷丙烯酸酯 CHDDA（二官能性单体） 8%
三羟甲基丙烷三丙烯酸酯 TMPTA（三官能性单体） 30%
环氧丙烯酸酯（预聚物） 50%

2. UV 上光的特点

（1）环境特性好。与 UV 油墨一样，UV 上光几乎不含溶剂，有机挥发物排放量少，因此减少了空气污染，改善了工作环境，降低了发生火灾的危险性。另外，由于 UV 上光处理后的印刷品及裁切下来的纸边可以回收并重新造纸，提高了纸的利用率，解决了覆膜的纸基不便回收，造成环境污染的难题，符合当今国际潮流。但 UV 上光油中的光引发剂、稀释剂对人的皮肤有一定的刺激作用。

（2）UV 上光油见到紫外线，如阳光、电弧光、晒版灯光后会立即固化。但一般日光灯、白炽灯、钠光灯等照明光源不会引起 UV 上光油固化。

（3）固化速度快。固化速度可达 60～120m/min。

（4）上光质量好。经 UV 上光工艺处理后的印刷品，色彩明显比其他方法得到的色彩鲜活，光泽丰满润湿，光泽度很高，涂层滑爽耐磨，更具耐化学性。能够用水和乙醇擦洗，防水防潮性好。UV 上光工艺是目前在国内标签印刷行业中轮转型、半轮转型标签机对纸张或薄膜材料上光通常采用的方法。UV 上光工艺提高了印刷品表面的光亮程度。更为重要的是，利用其强度和耐摩擦特性保护了油墨层、防止油墨划伤脱落。

另外，UV 油墨不卷边、不打皱、不起泡、不粘连。纸塑复合是纸张表面加工常用的方法，除了光泽度明显逊色于 UV 上光工艺外，还常常起皱、卷曲。UV 上光完全避免了上述现象的发生。产品脱机即能叠起堆放，节省场地和时间，有利于装订等后工序的作业。

（5）不会产生静电。UV 上光过程基本不会产生静电，但可在上光油中添加"除静电剂"，这样可消除印刷品表面的静电，使上光后的其他加工工序顺利进行，如模切、排废、切张或覆卷。最终客户使用标签时也不会出现静电引起的各种贴标问题。

（6）成本低。可快速联机上光，提高了生产率，降低了消耗。同覆膜工艺相比，虽然上光油的强度不如 BOPP 薄膜，成品标签的立体感也差，但在综合特性上有明显的优势。UV 上光工艺的费用同 BOPP 覆膜的费用相比要便宜得多。目前，国内 UV 上光油的种类很多，性能不一样，所以价格差别较大。

目前，UV 上光的主要缺点有：气味较重、对人体有刺激、不能与食品直接接触、对纸张和油墨的附着性较差、后加工适性差。

（三）UV 上光的应用

UV 上光有许多优点，但由于气味较浓，不适合食品包装类产品的印刷，同时上光后不利于烫印等后加工工序。常用的 UV 光油有亮光和哑光两种，UV 亮光上光由于其具有相当的光亮度，故可以取代很多产品的覆膜工艺。UV 哑光最大的特点是降低产品的光亮度，从而不会影响产品的包装成型质量（无水雾），适用于胶印生产用的各类纸张。

使用UV上光应注意以下几个问题。

（1）UV上光油的质量检测。由于UV上光油品种很多，且都有一定的储存周期，同时对储存环境也有一定的要求，因此在上光前，需要通过小批量试验检查上光油的颜色、定时涂布后的固化情况、添加剂的匹配情况、与其要接触的油墨层是否有反应等。经过试验合格后才能进行批量上光。如果使用普通油墨印刷，上光之前应保证墨膜完全干燥，并保证纸堆通风。

（2）上光油厚度的控制。UV上光油的流平特性不如溶剂型上光油，如果涂布量太大，上光后的表面会出现条纹，影响其对光的反射效果，从而影响上光效果。涂布量过大还会使上光油固化不彻底。另外，在湿式胶印中，UV上光的用量一般控制在 $2g/m^2$，哑光上光要尽量减少用量。

（3）上光油黏度和表面张力的控制。上光油的黏度对其流平性、固化速度、表面光泽度都有影响，应根据不同的承印材料调整适合的黏度。若UV光油黏度达不到所要的黏度，可用稀释剂撤黏或用增稠剂加黏，但经这样调节后，会影响UV光源的固化速度、亮度和附着力度等。在调整黏度的同时，还要注意上光油表面的张力变化情况，要使上光油的表面张力小于印刷品表面油墨层的张力，以使上光油完全润湿上光表面，避免出现针眼、条痕等质量问题。要根据上光机的机型选用专用上光油。

（4）注意涂布速度、涂布量、涂布辊压力、固化温度之间的关系。这四个因素是互相制约的，应根据不同的纸张表面对上光油的润湿、吸收情况合理调整它们之间的关系。UV光油的正常使用温度为50～60℃。因为在这个温度下UV光油固化快，固化后附着强。因此，使用时需要用恒温水对UV光油进行循环加热，使其黏度达到设计使用黏度，这样有利于UV光油流平和加快固化。

（5）定期检查UV固化装置。UV固化装置中，紫外线灯管随着使用时间的延长，有效功率将逐渐降低，应定期检测其有效功率。上光机宜放置在阳光不能直接照射的位置，否则UV光油会在阳光中的紫外光作用下固化在涂布辊上。UV光油流到上光机传动轴上会影响传动，应注意清洗轴头。

（6）上光操作中，皮肤若碰到UV光油，应立即用肥皂水洗掉，否则会出现皮肤红肿、起泡。

（7）金卡纸、PET等特殊承印材料要根据各自的表面性质，选用专用的UV上光油。另外，电晕处理有利于增强上光的吸收性和黏着性，用水性上光油打底可以增强UV上光的效果。

在倡导环保的21世纪，包装印刷领域更是需要环保的产品。特别是食品包装印刷，必须抓紧解决油墨材料中诸如铅、苯、芳香族化合物、乙基乙二醇等有害物质的危害问题，保证食品的安全。因此，研究和应用新型的绿色环保油墨材料对于发展绿色包装印刷产品至关重要。

针对新型绿色包装材料，本章在分析了包装印刷材料的环境特性基础上，仅着重介绍了水性油墨、UV油墨等新型绿色包装油墨材料。在科技飞速发展的今天，各种新型绿色包装印刷油墨层出不穷，它们在普通印刷、特种印刷、防伪印刷等领域被广泛应用，它们不但印品质量优良，而且符合环保等多种特殊需要。为此，针对绿色包装印刷材料，本章涉及的内容仅是点滴，还有待于今后进行更多的专题研究。

第五章 绿色包装印刷工艺技术

第一节 柔性版印刷

发展绿色包装，实施包装印刷绿色化发展，必须大力推广先进的环保包装印刷工艺技术。环保包装印刷工艺技术对于提高包装印刷产品的环保特性，以及包装印刷生产过程中的环境性能都具有十分重要的意义。

一、柔印工艺及相关问题

柔性版印刷兼容了凸版、平版和凹版印刷工艺的优点，具有操作方便、生产周期短、产品印迹清晰、印刷压力较轻、印版耐印力高、产品质量稳定的良好优点。柔性版印刷工艺既可印刷表面光泽度好的承印物，又可印刷表面粗糙的材料；既可印刷非吸收的承印物，又可印刷吸收性较强的各种材料；既可印刷内包装的产品，又可印刷外包装的纸箱、纸盒产品。柔性版印刷因良好工艺特点而成为印刷包装装潢、商业和其他产品的一项具有广阔市场前景的生产工艺。

（一）柔印工艺流程

柔印设备的种类和型号较多，但其工艺流程却是相同的，均采用卷筒承印材料，烘干和收卷方式也基本一样。其印刷工艺过程为：给料→印刷→烘干→印后加工与处理→收料。

1. 给料

给料部分包括解卷、除尘纠偏和张力控制等主要操作，其作用是将承印材料准确、稳定地送入印刷部。柔印输料方式多为卷筒式，印刷时能按照规定的速度、拉力使承印材料开卷并准确送入印刷部件，同时在印刷机转速放慢或停机时，卷筒纸的张力能消除纸上的皱纹。同时，为了保证印面的清洁，应将承印物表面的灰尘等异物除掉。纠偏装置和张力控制装置为单独部件，其作用是保证精度。

2. 印刷

印刷是柔性版印刷工艺的一道关键工序，直接影响包装印刷质量。印刷过程中涉及的影响柔性版印刷彩色复制的因素比较多，如承印材料、印版、油墨的印刷适性、网纹辊的传墨性能、印刷压力以及印刷机构的制造质量等。印刷本身更是一个多参数的动态的过程，要求整合协调、有机配合，只有这样才能生产出高质量的印品。同时，柔性版印刷工艺和其他印刷工艺一样，在生产中不可避免地会出现一些印刷质量问题。其中网点丢失、网点扩大、印版尺寸变形和印刷杠痕是常见的印刷质量问题。因此，印刷工序的技术要求是很高的，一直是被关注的重点，相关问题将在后面单独介绍。

印刷工序为印前准备→试印→印刷。印前准备包括掌握印刷工艺要求、印版检查和承印材料、油墨、助剂等质量检查以及印刷机的清理与检查等工作。例如，掌握印刷工艺要求包括熟悉标准样本，审核印刷色序，了解承印材料的主要性能特点，掌握所用油墨、溶剂的主要性能，以及版面设计、尺寸大小、位置关系、套印精度及印刷压力要求。试印工作过程包括：开机使压印滚筒处于合压位置，进行第一次试印→检查样张（发现问题应做进一步调整）→启动油墨泵，调整给墨量，对墨辊给墨→开机进行第二次试印→检查第二次试印样张（色密度、色差及其他缺陷）→当印出合格产品后，可做少量印刷再进行一次检查，方能进行正式印刷。

在印刷过程中要经常注意套准情况、色差、墨量大小、干燥情况以及纸带张力大小的变化等，以便随时调整。不同的印刷条件应有与其印刷条件相适应的工作压力，在印刷过程中应对墨量压力、着墨压力和印刷压力进行经常调整。

3. 烘干

柔印速度较高，印刷过程中油墨来不及干燥，必须进行烘干才能保证印刷质量。烘干一般包括色间烘干和后烘干两部分。色间烘干置于各色组之间，在印刷过程中，前一色的墨迹应得到必要的干燥后方可进入下一机组印刷；后烘干装置设在印刷机组后面与印后加工之前部位，承印物在进入印后加工之前印刷表面的图文应充分干燥。烘干装置应设定合理的烘干温度，烘干温度的设定主要取决于印刷速度、承印物的表面性能、油墨的种类及各色组印刷图文状况等因素，既要防止干燥不足，又要避免干燥过度。

另外，烘干过程中溶剂的排放常用的是热气流法。在后干燥器上配置排气系统，可以防止溶剂挥发后气体的聚集，防止发生爆炸危险。若设置有色间热空气干燥器，应保证排气量大于热空气的供应量，否则干燥器将会使热风吹向传墨辊和印版滚筒而导致油墨过早干燥，从而影响印版的着墨性能及图像印到卷筒纸上的效果。

4. 印后加工与处理

根据印刷品质量要求大多要进行印后加工处理，如上光、烫金、覆膜、凹凸加工、压痕和模切等。印后加工与处理有脱机印后加工和联机印后加工两种形式。脱机印后加工配备各种专用的印后加工设备，这类设备一般较为简单，成本低廉，但印刷品要经多次单工序加工与转换，其累积误差较大，同时生产率也受到限制；联机印后加工是与印刷机组组成印刷印后加工生产线，不仅有利于保证印刷品质量，而且可大大提高生产率。柔性版印刷机配置印后加工装置，形成一条完整的印刷综合加工生产线，是其他印刷设备所无法相比的。

（1）上光。柔印机上光是通过印刷机组完成的，因此也可称"印光"。操作时，可以使用水性光油，或加装 UV 干燥系统使用 UV 光油，也有配置专用上光装置进行正反两面上光，可用于不干胶水的涂布作业，联机复合成不干胶印刷产品等。上光涂层比印刷墨层要厚实，以便获得较好的光泽或其他效果。上光材料的品种相当多，选择相适应的光油是提高柔印产品质量的一个主要因素。印光分满版印光和局部印光。满版印光由一个专用印光辊（橡胶辊、无接缝印版）来印光。局部印光需制成印版，按印品需要的部位上光。

（2）覆膜。联机覆膜的方式是非常方便而省力的。以前采用较多的是热预涂卷膜，它必须加热才能与承印材料黏合。印刷中卷料膜与承印材料直接进入热压辊而复合成型，完成覆膜工序。另一种覆膜方式是冷预涂卷膜，类似于不干胶带，表面带胶的一层即为复合层，它随承印材料一并进入橡胶压力辊即完成覆膜工序，无须其他加热辅助设置，是目前推广的一种联机覆膜方式。

（3）烫金。柔性版印刷联机烫金需要加装专用烫金装置。如果是连续烫金呈送纸方向，其结构比较简单，只需有恒温控制装置、加热装置与定制烫印辊组合而成。如果是间隙式烫印商标、文字，为了不浪费电化铝材料，需要配置跳步式烫金装置，该机构比较复杂而且价格昂贵，目前国内极少采用。另外，由于柔印烫金方式是圆压圆结构，电化铝材料受热压面积为线接触，对于较大面积的烫金尚有难度。

（4）模切成型。柔性版印刷机组上一般配置三组模切工位，经印刷后联机进行压痕、模切得到所需的印刷成品。前二组可以用于烫金、压痕或压凸、压痕，后一组完成成型或裁切单张。

5. 收料

柔印的收料方式根据加工对象不同有以下几种收料方式：

（1）复卷。壁纸印刷、塑料薄膜印刷以及包装初料印刷等一般采用复卷方式收料。复卷时应严格控制复卷前承印物的张力变化，便于料卷保持均匀的紧度；同时，纠偏装置要处于正确工作状态下，否则复卷端面将出现大的偏差。

（2）单张收料。印刷后通过分切装置将印刷品按一定规格分切成单张输出折页收料。印刷后由折页机组进行折页，以输出一定规格的书帖，如报纸印刷、书刊印刷等。

（3）模切收料。在纸板商标印刷中，印刷后往往要进行压痕、模切等印后加工，以输出合格的印刷成品。

（二）晒版质量与承印材料特性

柔印感光树脂版晒版质量的好坏直接影响印刷质量，为防止网点的丢失和扩大，晒版时要检查胶片与树脂版是否均匀、紧密接触；要根据印版图文结构掌握合适的曝光时间；冲洗时要谨慎操作，避免损伤网点和细小线条；热固化的温度可掌握在 120～130℃之间，使印版达到一定的硬度，提高印版的耐印力。

另外，在制版时还应考虑承印材料的不同特性，应根据印刷材料的特点选择合适的网屏。一般情况下，纸张质量较粗糙的、印刷机转速较快的，制版时可选用80～100线/英寸的网屏，印刷效果相对较好。如用压纹镀铝纸、瓦楞纸、招贴纸、普通胶版纸和报纸等进行印刷，可采用80～100线/英寸的网屏制版；印刷年画、挂历，采用比较好的胶版纸以及塑料薄膜、白板纸、白卡纸等，可选用100～133线/英寸的网屏制版；用铜版纸、画报纸等材料印刷商标、画报、明信片、台历、商品广告、书刊封面等印刷品，则可选用150～175线/英寸的网屏制版；用高档铜版纸、玻璃卡印刷精细画册、产品广告、书刊封面、插图和包装装潢等高档产品，则可选用175～200线/英寸的网屏制版，以达到较好的印刷工艺效果，提高产品的印刷质量。

生产工艺情况表明：在制版时选用低线数网点的柔性版进行印刷，能得到鲜艳而又清晰的印刷质量，从而获得反差较强的印刷效果。但是，网点线数过低时，在承印物材料表面光泽度不是很好的情况下，印刷版面细微层次网点容易丢失，印刷版面的清晰度就不好。另一方面，柔性版印刷比其他工艺的网点扩大率要大，网点再现效果也不如其他工艺，一般低于20%的小点子很难印刷出来。因此，在制作柔性版晒版负片时，要根据设备、原材料等特点，对印版的层次进行适当的调整，使它与柔性版印刷阶调再现的范围相适应，才能达到相对较好的印刷质量效果。

（三）双面胶选择

柔性印版需要一种专用双面胶带粘贴在印版辊筒的表面，才能形成一个完整的印刷辊筒。在柔印过程中，双面胶带的选择会直接影响印刷质量，双面胶带应有严格的性能要求：既要保证印版能够牢固地黏结，又要考虑成本、操作的方便性等，同时，厚度一致，弹性均匀，受压后不易变形。

目前普遍使用的双面胶带是一种具有弹性的压敏性黏接材料。一般而言，双面胶带的选择应该根据版材的类型做动态的变化，常规情况下低密度双面胶带用于高品质彩色印刷与线条印刷，中密度双面胶带用于彩色印刷，高密度和硬质双面胶带用于线条及满版印刷。在同一产品印刷中只能用一种型号的双面胶带，不管这套印版图文中的网线、文字线条、实地的区别。这是因为不同型号的双面胶带的密度不同，弹性也有差别。虽然厚度相同，粘贴在同样直径的印版滚筒上，作为一种弹性体受压后，其压印在承印材料上的轨迹长度是不一样的，从而造成各印版之间的印迹长度变化，这就无法做到各色之间的套印准确。

（四）网纹辊选择

网纹辊是版面传墨的重要部件，对印刷产品质量有较大的影响。网纹传墨辊在柔性版印刷中控制着向印版转移的墨量，是影响色密度的直接原因。网纹辊和刮墨刀的合理匹配，可以精确、稳定地传递水性油墨。因此网纹辊又称定量辊或计量辊，在油墨传递中使柔印墨层始终保持在选定的BCM值范围内。柔印产品"无色差"的道理也就在此。

一般随着网纹辊网线数的增加，线距逐渐变小，网孔深度变浅，油墨容积也随之减少。网纹辊网线数的高低，决定了版面油墨涂布量的大小。高网线数的网纹辊可以形成更薄、更均匀的墨层，能满足层次丰富的印刷品的印刷要求，尤其是满足高光部分网点的刷墨需要，且能减少印刷时的网点扩大，保持均匀稳定的传墨量。对印刷网纹版来说，若版面涂墨量过大，容易出现糊版和网点扩大弊病。当网纹传墨辊的墨孔容积不足时，墨层厚度较薄，为了补偿密度不足，必须用高黏度油墨印刷；墨孔容积过大时，墨层过厚，为了降低密度必须将油墨加以稀释，多余的油墨往往引起堵版和网点扩大。墨孔容积不足经常导致色密度不足，网点部分的色密度是由墨层厚度和网点百分比决定的，墨层厚度直接影响被吸收的色相。网纹传墨辊表面的光洁度也会影响油墨转移情况，网纹传墨辊表面磨损会减少油墨的容积，所以印刷者应对每根网纹传墨辊的序号及印刷次数做好记录。网纹传墨辊雕刻的光洁度好，传墨均匀、细腻，形成的网点好，否则会使吃墨不匀、阶调还原不理想，清晰度也受损失。

网纹辊的网线数一般在 120~800 线/英寸，机械雕刻的网纹辊网线数一般在 500 线/英寸以下，激光雕刻的网纹辊网线数可达到 100 线/英寸以上。网纹辊选用时，首先应根据印刷品的各色图文着墨面积，凭日常经验估计选用每英寸多少线数的网纹辊才能满足印迹的墨量；其次是按照承印材料的吸墨量，在初步校版套印过程中，观察每色印迹的色相与墨量的饱和程度，再调换不同线数的网纹辊，直到符合印迹墨层要求为止。常用陶瓷网纹辊的线数为：实地版 250~400 线/英寸，文字线条版 400~600 线/英寸，网纹版 550~800 线/英寸（适合 133~150 网线/英寸）、700~1000 线/英寸（适合 175 网线/英寸）。国产瓦楞纸印刷机使用的网纹辊网线数大多在 150 线/英寸以下，对于吸墨性较好的纸张可用粗网线的网纹辊，吸墨性较差的承印物（如塑料薄膜）可用细网线的网纹辊进行印刷。

此外，选择网纹辊时不但要挑选线数的匹配，还要在同一线数网纹辊中进行 BCM 值的比较，使其满足某一色版的着墨要求，这样才会做到选择合理。

（五）印刷色序选择

印刷色序是指彩色印刷或多色印刷中各色版印刷的先后顺序。印刷色序不同，其呈色效果也有所不同，因此印刷色序的合理选择是彩色印刷中首先要考虑的问题。影响印刷色序的因素较多，在确定色序时要综合考虑各种因素，根据具体条件和印刷品质量要求合理加以确定。一般而言，确定印刷色序时应着重注意印刷适性、呈色效果、颜色的变化规律、油墨的透明度、画面的特征和叠印率等因素。

(1) 印刷适性。油墨的叠印会产生几种可能：一种是底层油墨干燥适度；第二种是底层油墨干燥过度，产生"玻璃化"现象，新层油墨印上去网点收缩，甚至根本印不上去，出现印刷故障。

(2) 颜色的变化规律。因为印刷是属于减色法，所以印刷色序对亮调的颜色混合影响很小，对暗调影响很大。

(3) 油墨的透明度。油墨都有一定的遮盖力，后印油墨叠印在先印的油墨上，会对呈色产生影响。

（4）画面的特征。一般而言网点面积小的先印，网点面积大的后印，画面上主色调的印版可以后印或次后印。

柔印色序的选择受柔印油墨的特性及相关因素的影响。在柔性版印刷中，各色印版往往采用实地版；同时柔印油墨多用水性油墨，其色密度高、遮盖率强、墨层厚实、色彩明亮，但一般透明度不是很好。所以在安排各色印版套印顺序时，必须考虑套叠后色彩是否能符合原稿要求，并达到良好的套印效果。

一般柔性版印刷中的色序由以下几种情况决定：

（1）油墨遮盖力强的先印，一般先印淡色油墨，后印深色油墨。

（2）套印色数多，不以深色轮廓作为套印规矩时，深色轮廓应该先印。

（3）需要以最深色盖压图像轮廓的边缘，消除轮廓的毛口时，该深色必须最后套印。但有时此深色又是各色的套色规矩，这时可先将深色印一部分，作为各色套版的规格，最后套印深色轮廓。

（4）画面图案的主色调，一般安排在最后套印。

（5）对于既有网点又有实地满版的同一色，为满足网点不糊版、实地满版不发花的要求，应将网版、实地满版分别挂版印刷。这样可各自调节印刷压力，使用不同的油墨，保证印刷质量。

对于专色版印刷，一般采用先浅后深的次序，浅色墨先印，可以使深色墨叠印后呈色效果明亮。对于采用叠色方法印刷的专色，主色、副色的色序是副色先印，而主色后印。经过实践证明有两条经验：一是多色网点印刷常用的印刷色序为：Y→M→C→BK 或 Y→BK→M→C；二是色块套印，大色块先印，小色块后印。

此外，柔性版一个很重要的应用领域塑料软包装印刷，一般都是以白墨铺设底色，用以衬托其他色彩，同时还分"里印"与"表印"两种情况："里印"是指运用与表印反像图文的印版，将油墨转印到透明薄膜的内侧（反向图文），从而在薄膜正面表现正像图文的一种特殊印刷方法。"表印"与"里印"的色序正好相反，表印一般先印底色，而里印则是最后印底色。"表印"彩色印刷色序一般为：白→黄→品红→青→黑。"里印"彩色印刷色序一般为：黑→青→品红→黄→白。

（六）印刷油墨对印刷品质量的影响

油墨的好坏对印刷质量起着决定性的作用，印刷时对油墨的黏度、酸碱度的调配显得尤为重要。油墨的黏度、酸碱度的调配要根据纸张的不同性质以及不同的印刷条件做相应的调整。油墨的黏性大，容易产生传墨不均匀、网点拉毛、版面发花和糊版等现象；油墨的黏性小，则容易使油墨乳化，并使版面出现起脏等不良情况。油墨的流动性和黏性有着密切的关系，黏度大的油墨，稠度大，其流动性相对就小一点，反之，流动性则大一点。油墨的流动性过小，容易造成涂布不流畅、不均匀，以致印品版面网点再现效果差。流动性过大的油墨，易使网点印刷不饱满，清晰度差。油墨必须具有一致性的色强度和黏度，采用不同批的油墨印刷同一批印刷品往往导致色彩偏移。

柔性网线版印刷使用的油墨颗粒要细，以使金属网纹传墨辊上的每个墨孔获得等量的油墨，这样印出来的印品网点结实、阶调层次清晰。若油墨的细度达不到一定的要求，网纹传墨辊上的墨孔吃墨不均匀，容易出现糊版、网点发毛弊病，印版的耐印力也将下降。

二、柔印工艺绿色化

虽然柔性版印刷相对于其他印刷方式来说，很大程度上降低了对环境的污染，但仍然无法做到对环境的完全无污染。柔性版印刷过程中主要存在以下绿色化问题：

（1）显影液的应用。制版过程中影响环境的一个重要方面就是显影液的应用。柔性版冲洗是在专用的冲版机内完成的，显影溶液多以氯化烃系溶剂（三氯乙烯）作为主要溶剂，但三氯乙烯是有毒的，它的挥发性很强，使用时应注意空气中的三氯乙烯蒸气不能超过中毒极限数。另外，三氯乙烯在有光、空气、水分共存时，会分解产生有害的氯化氢酸性气体，引起金属锈蚀。所以在使用过程中一定要有专用清洗设备，设备本身又可以回收显影液进行循环使用，并且最好是密闭形式。

（2）去黏处理。在柔性版制版过程中，为了去掉版材表面的黏性，增强印版的着墨能力，需要用化学法或光照法对版面进行去黏处理。传统的化学法是把干燥的印版浸入配置好的去黏溶液中进行处理。化学去黏有氯化处理（漂白粉水溶液）和溴化处理（盐酸和溴化物水溶液）两种，其中使用的这两种溶液都是对环境极其有害的；光照法是目前普遍采用的方法，它是通过对溴溶液槽进行紫外线 C（UV-C 光源）照射来完成，相对来讲其造成的环境污染要轻微得多，但经短波辐射过后的溶液对环境也是有害的，因此对废液应加以妥善处理。2000 年 9 月在芝加哥的 LabeExpo 上，杜邦公司推出了赛丽快速系统，是一种完全数字化的干燥制版系统。实质是一种热加工版，整个加工过程处于完全干燥状态。由于不需要使用溶剂，所以它完全避免了由溶剂所带来的环境污染问题。另外，它还极大地减少了制版时间，加工过程也变快了，无须烘干。

（3）柔印油墨。水性油墨虽然明显地降低了 VOC 的排放，但是仍然希望将排放量控制到最低。同时，目前许多用户和厂家对油墨重金属含量也有要求，在水性油墨配方中应正确地选用颜料，尽量排除重金属离子含量高的颜料。从环保方面来看，UV 油墨的确是一种非常理想的油墨，需要注意的是多数 UV 产品在没有干固前，对皮肤有刺激性。在操作使用中应穿戴护肤手套和护眼罩进行防护。

（4）网纹辊清洗。柔性版印刷中适时对网纹辊的清洗也存在环境影响因素。网纹辊的清洗方法一般有强腐蚀化学清洗法、喷射清洗法、超声波清洗法几种。强腐蚀化学清洗法是将腐蚀性清洗剂（一般为碱溶液）均匀涂抹在网纹辊表面，必要时在网纹辊表面包裹一层塑料制品以防止药液挥发，将网纹辊烧蚀 1~48h，待固化的油墨充分软化后再用水或酒精药液（不可用醋酸等酸性溶液）结合手工清洗法对网纹辊进行清洗。这种清洗方法清洗效果较好，但对网纹辊有一定的腐蚀作用，并会造成环境污染。喷射清洗法是将小苏打软化性清洗介质喷射到网纹辊表面，将固化的油墨击碎，以达到清洗的目的。小苏打易溶、无毒，在与其他物质相碰时其结晶体易于破碎，不会对网纹辊表面和墨穴壁产生破坏作用。超声波清洗法是将网纹辊浸放在一个充满化学清洗溶液的超声波清洗池内，清洗时网纹辊缓慢转动，池中可发送高频声波的变频装置开始工作，使溶液振动产生气泡而引起内向爆炸，连续的内向爆炸力把油墨从网穴中逐出并随清洗液流走，这种方法也是非常有利于环保的。

第二节 无水胶印及无醇印刷

异丙醇（IPA）作为传统湿胶印酒精润版液普遍采用的添加剂之一，是印刷车间危害健康的重要因素。胶印刷去除润版液、寻找IPA的代替品，以及使用非溶剂型油墨成为人们长期以来的重要研究课题。对此，无水胶印和无醇印刷成为目前良好的解决方案。

无水胶印（无水印刷）技术作为一种新兴的印刷技术，是印刷史上的又一次革命，具有绿色印刷的美誉。一方面它取消了醇类物质润版液，另一方面使用不含VOC的非溶剂型环保油墨，对实施包装印刷绿色化具有重大意义。同时，无水胶印解决了水墨平衡所引起的诸多印刷问题，把印刷技术向前推进了一大步。另外，无水胶印还使色彩管理、打样、按需制版印刷等印前工作流程得到了简化，适应了现代印刷竞争的发展要求。

无醇印刷是将酒精润版液中的异丙醇（IPA）用乙醚类、乙二醇及其他添加剂的混合物来代替，这种酒精替代品挥发性小、燃点高、无刺激性，是一种环保型的润版液，具有较好的环保性能。

一、无水胶印的环境性能及工艺特点

无水胶印也是一种平版印刷技术，不需润版液，用一种特殊的斥墨的硅酮橡胶层作为印版，使用大豆油油墨和不含芳烃的特殊油墨，以及一套严格的温控系统来完成印刷。无水胶印印版是一种平凹版，利用光化学反应，其硅橡胶层将构成印版凸起的空白部分（斥墨），显影后暴露出来的感光物质构成凹下的图文部分。

传统湿胶印是利用水墨相斥的原理，使油墨和水在印版上保持平衡来实现印刷的，但是在实际生产中，达到真正的水墨平衡相当困难。无水胶印工艺把传统湿胶印使用异丙醇或其他润版液的化学过程变成了简单的机械过程，无须调节水墨平衡，只需要在一个合适的温度范围内把油墨转移到印版上去就可以了，从而大大简化了印刷操作。

（一）环保特点

无水胶印取消了润版液，取消了醇类物质，为传统湿胶印过程提供了环保解决方案。据有关统计，若将对环境的所有影响因素考虑在内（包括空气、水、土壤、能源、工作环

境、火灾等），无水胶印比传统胶印减少了30%的环境污染。同时，无水胶印减少了30%～40%的作业准备时间，节约了能源，减少了印刷材料的浪费，保护了自然资源。具体优点如下：

（1）不使用挥发性有机化合物，大大减少了空气污染。无水胶印省去了传统胶印所需的润版液，也就省去了其中的许多化学物质，因此没有传统胶印润版液中的各种添加剂，如化学添加剂、乙醇和异丙醇等对环境有污染的物质。同时，如果配合使用无挥发性水性油墨和免冲洗的无水印版，则能达到真正的无挥发性有机化合物的工作环境。

（2）减少废液的排放，降低对水体和土壤的污染。无水胶印可以大幅度地减少化学药剂的使用，减少废液的排放。无水胶印使用环保的水性油墨，清洗橡皮布不再需要有机溶剂，其所用的洗车水是由93%的水和7%的无害表面活性剂（如肥皂等）组成，是水性清洗剂。传统胶印晒版、印刷过程与无水胶印过程中的化学药剂使用和废液产生情况见表5-1。

表5-1 传统印刷与无水胶印使用化学药剂及产生废液对照表

项目		传统印刷		无水胶印
晒版	补充液	硅酸钾、氢氧化钠*、烷基氨丙酰酸钠、三乙醇胺*等	前处理液	聚丙烯乙二醇、乙醇衍生物、有机酸、二甲基乙二醇衍生物
	显影液	烷基氨基丙酰酸钠、三乙醇胺*、苯甲醇、丁萘碳酸钠、山梨醇钾盐等	后处理液	二甲基乙二醇衍生物、碱性蓝、结晶紫
	定影液	硫代硫酸钠、硼酸		
印版清洁剂		矿质松节油*、聚氧化乙烯壬苯基醚、磷酸*		合成含石蜡系碳化氢
抹消液		N,N-二甲基酰胺、聚氧化乙烯壬苯基醚、氟化氢物乙*、醇磷酸*		合成含石蜡系碳化氢、氧化乙烯、溶剂蓝、四氢呋喃
润版液		IPA*、正丙醇*、磷酸*、硝酸钠三氯代乙烯		—

注 带"*"的为劳动安全卫生法明示的对象物。

（3）节省能源和资源。无水印刷的作业准备时间短，一般为1～20min，甚至更少，可灵活满足各种短版印刷需要，生产效率高，减少了能源消耗。同时无水胶印过程中避免了水墨平衡调节，套准迅速，开机废页率低，可比传统胶印节省30%～40%的纸张，大大降低了生产成本，也节约了自然资源。另外，无水胶印在利用再生纸方面也具有重大意义，由于再生纸纤维短，不如非再生纸表面强度大而受到传统胶印的限制，无水胶印不用润版液，可保持纸的原有强度，从而提高套印精度，解决了传统胶印对再生纸的发展限制。

(二) 印刷工艺特点

无水胶印在不需要润版液的条件下用温度控制系统控制油墨的转移，达到高质量复制原稿的目的。无水胶印最大的优点就是摒弃了润版系统，彻底解决了水墨平衡问题，从而为印刷工艺带来了许多新的特点。

(1) 网点扩大小。第一，无水印版是平凹版，其下凹的图文区域使油墨在印版上高出版面比较少，经过压印转移油墨时，油墨向两边的扩展较小，从而网点扩大减小；传统湿胶印印版是平凸版，油墨高出版面较多，压印时油墨的扩展比较严重。第二，无水胶印油墨在纸面多是被氧化干燥而不是被吸收，所以网点形状和大小不会有多大改变。第三，无水胶印由于不使用水溶液润版液，承印材料（纸张）伸缩减小，网点扩大小，一般网点扩大值只有7%，与传统胶印相比可减少50%的扩大量，基本实现了图文的忠实再现，同时网点油墨也更加饱满，印刷品质量得到很大提高。

(2) 网线数高，套印精度高。无水胶印较低的网点扩大率以及使用硅橡胶层组成凸起的空白部分，足以使无水胶印能够采用较高的网线数（300～500线/英寸），而其他印刷方式的网线数目前不会超过200线/英寸。传统胶印由于润版液原因，使网点增大明显，其网点增大值在10%～15%。因此，无水胶印网点再现性好，表现暗调和中间调层次更丰富，从200～500线/英寸高光部分2%的网点和暗调部分98%的网点都能很好地再现，尤其是暗调的细微层次能清晰地再现出来。无水胶印从2%～98%的网点再现率为96%，而传统胶印从5%～95%的网点再现率只有90%。无水胶印目前可制作700～1000线/英寸的高精度印刷品。

无水胶印不使用润版液，不会造成纸张伸缩变形，解决了纸张吸水膨胀拉力变化的难题，套印精度高，其在胶版纸和再生纸上都可以印刷出高质量的印刷品。在承印材料方面，无水胶印不仅可以印刷吸收性材料，也可在许多非吸收性材料如 ABS、PET、PVC、金属等表面进行印刷。

由于无水胶印网点再现性好，网点扩大小，因此适合采用调频网新技术。调频网的网点大小是一致的，印刷密度是凭借网点的数量来表现的。

(3) 色域空间大，色调稳定，色彩鲜艳。无水胶印消除了印刷过程中与水有关的一些问题，如油墨乳化、网点扩大以及水墨难以平衡等弊病。因此，墨层可印得较厚，色密度更高（比传统印刷油墨密度高20%左右），故其色彩空间比传统印刷的色彩空间大。无水胶印可使用高网线数印刷，可以向纸张上转移更多油墨，亦可增大色域空间。而且油墨不会发生乳化，不会造成色彩饱和度的下降或者墨色的改变，因此，无水胶印产品的墨色鲜艳，而且墨色能够保持稳定。

(4) 印版耐印力高。根据无水印版类型的不同，其耐印力可从15万～60万印不等。日本"东丽"公司的HG3型阳图版可达到40万印，DG5型阳图版可达到100万印。另外，印版耐印力的大小还取决于所用纸张的类型，表面强度越高的纸张（如胶版纸或铜版纸），不易拉毛、掉粉，对印版的磨损就越小，因此印版的耐印力相对会高些。

(5) 作业准备时间短，操作简单，生产效率高。无水胶印无复杂的水墨平衡问题，使印刷过程中的油墨调色、各色版套准等所用时间大大减少（这对在机成像短版数字印刷尤为重要）。传统湿胶印刷调节水墨平衡是最关键的工序之一，它会对最终的复制效果产生极大的影响，而调节水墨平衡又是极其复杂的，需要很高的技术含量和实际经验，既不易控制又浪费时间、纸张和油墨。使用无水胶印理论上可以大大降低调试水墨平衡而导致的油墨和纸张浪费，同时也减少了由于水墨平衡的变化而造成的停机时间，操作也变得简单，从而大大提高了生产效率。据有关报道，无水胶印与传统胶印以同样的速度、同样的时间印制，无水胶印的总印数要高出54%。

(6) 油墨黏度高，需要严格的温控系统控制油墨的转移。无水胶印需要使用特殊的油墨，要求较高的油墨黏度，以确保不出现脏版（即空白部分不带墨）；还要求油墨中不含粗糙的颗粒，以防划伤印版表面的保护膜，同时避免颗粒摩擦产生热量而降低油墨的黏度。无水胶印油墨对温度十分敏感，温度上很小的变化都会引起油墨黏度很大的改变。无水胶印的热量主要来自两个方面：一是印版滚筒、橡皮滚筒和压印滚筒之间因摩擦产生热量；二是由于无水胶印油墨高黏度的特点，墨辊与墨辊之间在传墨的过程中因摩擦产生热量。这些热量如果不及时除去，将使印版、墨辊上的温度急剧上升，大大改变油墨的流变性质和黏度，从而无法完成正常的油墨转移过程，因此在印刷过程中有效的冷却系统是成功印刷的关键所在。同时，不同颜色的油墨对温度变化的反应也是不同的，需要分别控制每个印刷色组的温度。另外，在实际生产中，多是根据温度条件而采用不同黏度的油墨。如在夏季使用高黏度的油墨，在冬季可使用黏度相对低一些的油墨。

二、无水胶印印版

为了改进胶印，达到不需要使用润版液的目的，20世纪60年代末，由美国3M公司首先提出了无水胶印原理，并研制出了无水胶印版材，于1972年试制成功。3M公司在解决油墨黏度和印版耐印性等相关的技术难题上投入了大量资金，但因印版在制版过程中易划伤、印版非图文部分不稳定，以及印刷机械摩擦发热引起的温度升高等一系列技术问题而放弃了。后来，日本东丽（Toray）公司购置了美国3M公司的专利后，以无水胶印的实用化为目标，继续从事研制开发，并于1977年在Drupa展览会上展出了世界上第一块无水印刷版材。其后，不断提高无水胶印版材硅胶层的疏墨性，改善油墨的黏度，以及在印刷机上安装冷却系统，使无水胶印质量有了明显提高。

目前，生产无水印版比较突出的制造商是日本Toray公司和美国Presstek公司。Toray公司的主导产品是传统光敏模拟版（感光无水印版），它需用胶片曝光、晒版处理，空白部分的硅橡胶层见光发生光聚交联反应，然后用化学显影剂（聚乙二醇）除去印版图文部分的硅橡胶层，露出微微下凹的感光树脂层。Toray同时也推出了一种命名为Emerald用于CTP系统的数字印版。Presstek公司是数字无水胶印的代表，其主导产品为PearlDry数字无水印版，是计算机直接制版产品，它可用于DI印刷机上。PearlDry为在机成像制版（不需曝光、晒版处理），它采用激光烧蚀技术除去印版图文部分的硅橡胶层。除此之外，柯达保丽光（Kodak Polychrome Graphics，简称 KPG）公司也推出了热敏 CTP 无水胶印印版，耐印力达 20 万印。另外，爱克发公司、富士公司等都有无水胶印版推出。

根据印版制版方法不同，可将无水胶印印版分为两大类：一类是以日本 Toray 公司为主导的传统光敏性无水印版，另一类是以美国 Presstek 公司为代表的数字无水印版。

（一）传统光敏性无水印版

目前使用最广泛的传统光敏性无水印版（Toray 印版）是一种多层结构的碾压版，共分为 5 层，如图 5-1 所示。

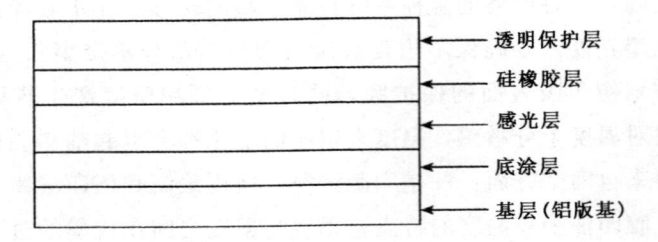

透明保护层
硅橡胶层
感光层
底涂层
基层（铝版基）

图 5-1　无水胶印版结构

(1) 基层（铝版基）。基层是承受层的基体，又是印版的重要组成部分。为了满足印刷的需要，基层应具有较好的尺寸稳定性和表面平整性。基层可以是金属板，如铝、铝合金、锌、铜等金属板，也可以是金属与纸或塑料薄膜的复合板。目前生产的无水胶印版几乎都采用铝板作为基层，这主要是由于铝板具有优良的机械性能，并且铝的生产成本比其他有色金属便宜。Toray 传统无水版的基层为非阳极氧化处理的铝板。

(2) 底涂层（胶合层）。无水印版底涂层的作用是提高感光层与支持体的黏合性，以增强感光层与油墨的亲和力，从而提高印版的耐印力。它能吸收来自铝版基反射回来的光线，可减小制版时的网点扩大。其主要成分为树脂，如聚氨酯、苯乙烯-丁二烯橡胶、聚乙烯、聚丙烯、聚氯乙烯等。除树脂以外，还可以含有其他添加剂，如染料、pH 值指示剂、光聚合引发剂、提高黏附力的辅助试剂、颜料等。涂布量一般为 $1\sim10\text{g/m}^2$。

(3) 感光层。感光层与硅橡胶层发生交联反应，使感光层与硅橡胶层紧密连接，形成一个整体，同时经曝光形成印版的图文部分。感光层的成分为：沸点高于 100℃、可以光聚合的不饱和单体，如甲基丙烯酸脂、甲基丙烯酰胺等；光聚合引发剂，如三嗪类化合物、α-羰基化合物；具有成膜性的高分子化合物，如甲基丙烯酸共聚物、聚氨酯、聚苯乙烯、环氧树脂、聚乙烯醇、明胶等；阻聚剂，如氢醌、对甲氧基苯酚等。此外，还可以加入提高涂布性能的表面活性剂、增强感光层与硅橡胶层黏附性的硅粉或疏水硅粉，以及染料、pH 指示剂等。将各组分分别溶于适当的溶剂（如酯类、醇类、醛类、酮类）配制成一定浓度的溶液，涂布在底层上形成感光层。涂布量一般为 $0.5\sim10\text{g/m}^2$。

(4) 硅橡胶层。硅橡胶层构成印版的非图文区。曝光时，硅橡胶层经紫外光照射产生交联反应。如果是阳图型则感光部分硬化，使硅橡胶层与感光树脂层的高分子牢固地结合在一起，而未感光部分的硅橡胶层与感光树脂层剥离。阴图型则相反，感光部分的硅胶层与感光树脂层剥离，而未感光部分保留。无论是阳图型或阴图型无水胶印版，经感光后，非图文部分的硅橡胶层均稍高出图文部分一些，故无水胶印版属于平凹版。用于制备无水胶印版硅橡胶层的硅橡胶有两类：一类为缩合型硅橡胶，其主要成分为线型聚硅氧烷，通过端基发生缩合反应，生成硅橡胶；另一类为添加型硅橡胶，它是由带—Si—H 基的聚硅氧烷与带有—CH═CH—基的聚硅氧烷在铂的催化下反应生成硅橡胶。为了控制硅橡胶层的硬度，可以含有适量的阻聚剂。

硅橡胶层具有疏油性，在印刷过程中有排斥油墨的功能。控制该层的涂布量是生产无水印版技术的关键之一，若涂层厚度太薄，印版排斥油墨的性能减弱，印刷时会引起版面粘脏，并且版面极易被损伤。若涂层太厚，印版的显影性能变差，显影时未见光部分不易全部溶解。合适的涂布量一般为 $1\sim3g/m^2$，约 $2\mu m$ 厚。

(5) 保护层。无水印版的硅橡胶层在未曝光之前不发生交联反应，有一定的胶黏性，易黏附污物。所以一般在硅橡胶层上覆盖一层保护胶，其作用除了保护版面免受刮伤外，还能使底片完全密接印版，同时也可防止氧气分子透过硅橡胶层，影响光聚合反应使版材存放时间缩短。保护层与下面的硅橡胶层真空无缝紧密相连，具有良好的透光性，在曝光后剥去，也可以在显影过程中溶解于显影液而被除去。适合做保护层的物质有聚乙烯、聚乙烯醇、聚氯乙烯等。保护层的厚度一般是 $10\mu m$ 左右，最好涂成粗糙的毛面层，以便在抽真空曝光时胶片能与无水印版版面结合紧密，曝光后图像还原性好。

传统无水印版的制版工序与有水胶印工序是相同的，唯一区别是晒版后显影、定影工序有所不同。有水胶印是通过显影定影去除 PS 版上非图文部分，留下图文部分，形成平凸版；而无水胶印是通过药液作用去除图文对应区域的表面斥墨层，形成平凹版。

传统无水印版（Toray 印版）的晒版装置、光源与普通 PS 版制版一样，曝光时间也没有太大的差异。曝光结束后，还必须采用特殊的化学和机械方法对印版进行加工处理。处理好的无水印版上的非图文区域是斥墨的硅橡胶层，而图文区域层的硅橡胶层被除去，留下吸墨的感光树脂层。曝光可以利用正片曝光，也可以使用负片曝光。它们的曝光反应机理是相同的，只是在显影时所用的显影液不同。如果使用阴图片，感光部分剥离脱落，未感光部分（即空白部分）保留硅胶层；如果使用阳图片，则感光部分硬化，未感光部分脱落形成图文部分。

Toray 传统光敏性无水印版是用阳图底片曝光的，曝光后是显影和定影，显影所用的机械装置以及化学药品是特别搭配设计的，这种印版制好以后可以长期保存，也可以和普通印版一样回收使用。制版过程如图 5-2 所示，共有五个主要阶段。

(1) 曝光前：将正片和印版紧密贴在一起，中间抽真空，使正片平直贴于印版的第一层保护膜上，放在曝光架上进行曝光。

(2) 曝光阶段：光线透过正片上的非图文部分照射到印版上，感光层部分感光，并与其上的硅胶层发生光聚合反应，两层紧紧地交联在一起，形成一个整体。

(1) 曝光前　　(2) 曝光阶段　　(3) 显影阶段

(4) 定影阶段　　(5) 着墨阶段

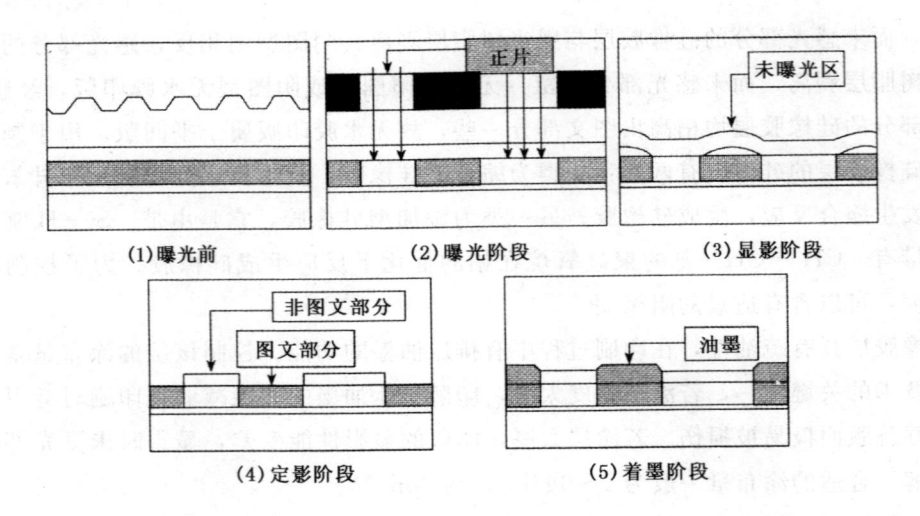

图 5-2　Toray 印版制作过程

（3）显影阶段：显影时先用准备好的特殊化学药品浸泡印版，浸泡后印版的未曝光区（非图文区）的硅胶层由于未和光敏层交联在一起而突起。

（4）定影阶段：采用机械的方法如用特殊的刷子刷，将突起的未交联的硅胶层部分除去，露出下面的光敏层部分（图文部分），利用光敏层亲油性来着墨。

（5）着墨阶段：由于硅胶层的疏油性，油墨只能附着在图文部分的亲油区域。

Toray 印版非常适合在各种单张纸和轮转胶印机上使用。根据 Toray 无水印版的类型不同，其耐印力从 15 万～60 万印张，如果纸张的表面比较粗糙，耐印力会有一定程度的下降。Toray 传统的无水印版有阴图型（TAN）和阳图型（TAP）之分，印版的稳定性均较好。1977 年，在德国举行的德鲁巴印刷展览会上，Toray 公司首次推出了阳图型无水印版。然而，阴图型无水印版直到 1980 年才在美国举行的印刷展览会上推出。东丽公司不仅研发出传统的无水印版，还推出了热敏 CTP 免冲洗无水印版。2000 年，Toray 向热敏 CTP 发展，推出了可对 830nm 红外激光感光的 CTP 无水胶印版材，并且声称是免处理无水版材。Toray 还谈到其免处理"CG"版材技术，这种版材除用水漂洗外，不需要任何化学处理药品。免处理"CG"版材比 CTP 无水胶印版材需要稍多一些的 830nm 激光能量，但可适用于大多数现有热敏直接制版机。

（二）数字无水印版

目前，世界数字无水胶印的主导是美国 Presstek 公司的解决方案，它的直接成像系统以及 PearlDry 印版广泛用于各大印刷机商的数字无水印刷系统之中，如海德堡公司的速霸 GTO-DI 和全新的 Karat 74 等。

Presstek 所设计的 PearlDry 数字无水胶印版共分为四层，最下面是铝或高分子版基，倒数第二层是亲油层，倒数第三层是图像形成层，最上一层与 Toray 印版一样，为排斥油墨的硅树脂层，如图 5-3 所示。

PearlDry 数字无水印版的制版不需要胶片和显影，采用的是激光烧蚀成像技术。激光烧蚀制版无水胶印技术是一种用于计算机直接制版和计算直接成像印刷（CIP技术）的无水胶印技术，也是区别于传统无水胶印和湿胶印的新技术，自身构成一个独立制版印刷体系和材料体系。传统普通无水印版和有水印版在制版工艺流程上属同一体系，而激光烧蚀制版则是通过计算机控制的激光束将计算机处理的图文直接转移到无水胶印版上，用水洗净制版过程中产生的尘埃后即成印版，制版工艺大大简化。

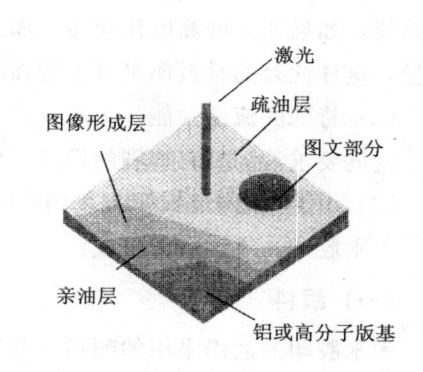

图 5-3 Presstek 公司的数字无水胶印版

这种新一代无水胶印技术的优势在于它既有数字制版的优势又有无水胶印的优点，是一种很有前途的新型制版印刷方法。激光烧蚀制版有三方面的特点：

（1）激光烧蚀制版是一种新型的无水胶印技术，它保留了无水胶印的优点，同时制版工艺简单，可以用于计算机直接制版和计算机直接印刷。

（2）激光烧蚀制版在短版小幅面印刷方面有明显的质量和技术优势。制约其发展的主要障碍是目前版材和油墨太贵。

（3）这种制版方式在计算机直接印刷方面优势更为明显。

1996年以来，采用计算机激光烧蚀方法制版的无水胶印技术逐步得到了发展，它使用一组IR（红外线）激光二极管阵列去除图像部分的硅树脂层，利用高能激光照射使印版上图像部分的硅树脂层气化，气体膨胀导致图像部分上层的硅树脂层从印版上分离开来，然后再除去硅胶层，露出亲油的图文部分用以着墨。在印前设计阶段，先将所要印刷的图像和文字部分用计算机进行处理，处理好的图像通过RIP进行转换，利用转换解释后的数据加上红外线激光头的驱动来控制红外线激光头阵列，然后对印版进行"曝光"。PearDry数字无水印版可以在印刷机上直接对印版进行成像（8开A3幅面的GTO-DI或Quickmaster DI），也可以利用Presstek公司的Pearl setter晒版机脱机成像，脱机成像的尺寸有8开A3幅面与4开A2幅面。幅面在40英寸的对开印版的成像可以在热敏直接制版机上完成。另外，随着其他PostScript系统的不断涌现，可利用各种类型的数字打样系统对无水印版进行打样，如Iris的喷墨打印机和3M的Rainbow。

三、无水胶印油墨

无水胶印使用的是专用油墨，它的基本成分与湿胶印的油墨相似，都由颜料、树脂连结料、溶剂和稀释剂、填料和助剂等构成。主要的区别是油墨中所用的树脂连结料部分，需要加入特殊连结料以达到特定的高黏度和流变性。与传统的油墨相比，无水胶印油墨应具有以下特殊性质：

（1）需要更高的黏度和黏性。无水印刷的原理是印版非图文区的硅树脂层具有较低的表面能,如果油墨的黏度比较高,那么它自身分子相互吸引的力量要高于与硅树脂亲和的力量,这样此处的材料便具有了较强的排斥油墨的性能。

(2) 特殊的流变性能。无水胶印油墨具有高黏度,在墨辊和印版之间的流通比较困难,这就要求油墨要有特别的设计,使其有较好的流变性能。

(3) 由于在无水胶印刷温度的特殊影响,要求油墨最好有一个比较宽的温度适应范围。无水胶印油墨由以下组成:

(一) 颜料

无水胶印的油墨采用的颜料与普通胶印油墨相似,除炭黑颜料外,基本上都用有机颜料,黄色颜料有:联苯胺黄(PY-12、PY-13、PY-14、PY-83等),红色颜料有立索尔红(PR49:1)、6B洋红(PR57:1)、金光红C(PR-53:1)、ZB永固红(PR-48:1),蓝色颜料为酞菁蓝(PB-15:1),绿色颜料为酞菁等。颜料用量占油墨总量的15%~25%。

(二) 树脂连结料

所用的主体树脂在大类上和普通胶印油墨相似,常用的树脂以经松香改性的酚醛树脂、胶质化松香改性酚醛树脂及用亚麻油等植物油改性醇酸树脂为主体。树脂连结料要有适当的高内聚能物质,促使油墨完整、清洁地从印版上和橡皮布上实现剥离和转移。常用的松香改性的酚醛树脂所用酚有双酚A、叔丁酚、辛荃酚、壬基酚等,也有用马来酸改性的松香酯树脂。

(三) 溶剂和稀释剂

在无水胶印过程中,从印版的图像部分清晰而完整地剥离油墨是获得高质量印刷品的关键因素之一。多年来业内对剥离机理也逐渐取得共识,"界面扩散边界层"的理论被众多的研究人员所接受。该理论认为,油墨中的溶剂扩散到版面形成很薄的液膜层,这样橡胶对油墨的吸附力相对于油墨的内聚力要小得多,这就有利于油墨层能完整地剥离印版,再转移到橡皮布和纸上。由此,油墨中溶剂的选择显得很重要,而且它含有多种组分(包括添加剂)。较早期的专利都有这方面的报道,如在油墨溶剂中加入液态有机聚硅氧烷。又有一些专利报道加入HLB值为11~15的非离子表面活性剂(如聚氧乙樟或丙樟的醚、二乙樟二甘醇单乙基己基醚等)会很有效果。

(四) 填料和助剂

填料的品种和常规胶印油墨相似,如碳酸钙、钙钡白、硫酸钡等。助剂有蜡类耐磨助剂,用量为0.5%~20%。另外,还有干燥剂及其他具有特殊功能的助剂。

目前,无水胶印油墨通常分为普通型油墨和环保型油墨两类。针对无水印刷推荐的环保型油墨有植物油墨、不含芳烃的油墨以及最新的水洗无水油墨。植物油墨的代表是大豆油墨,它取大豆油作为溶剂,不含挥发性有机化合物,无臭无毒,而且透明度高,呈色性好,很少掉墨,等量的大豆油墨可比传统油墨多印10%~15%;不含芳烃的油墨是第2代无水胶印油墨研发的重点,这种油墨具有低黏度、高流动性的特点。近年来,美国太阳化学公司和富林特油墨公司成功开发了可水洗无水胶印油墨,目前已进入工业性试验和试用阶段。另外,紫外光(UV)和电子光束(EB)固化无水胶印的油墨也在研究发展之中。

对于无水胶印油墨而言,最重要的性能是抗起脏性、油墨转移性和油墨着墨性,其开发应在以下几方面努力:

(1) 低黏度、高流动性。由于无水胶印不使用润版液,油墨在纸面上的黏度较高,容易发生拉毛和堆墨故障,因此油墨的低黏度和高流动性是油墨创新的方向之一。

(2) 提高抗起脏性。抗起脏性与油墨黏性、黏度及流动性有关,与黏性、黏度成正比,与流动性成反比。因此,以低黏性、低黏度、流动性好(高速印刷)的油墨技术设计高抗起脏性的油墨是有一定难度的。无水胶印在达到低黏度化的同时,还应具有抗起脏性,因此在无水胶印油墨的配方设计上,关键问题是如何抑制印版起脏。一般而言,抗起脏性与油墨黏度、所用溶剂、印刷实地密度、印刷机结构、印刷速度等条件有密切的关系。

(3) 提高着墨性。大豆油油墨是取代有机溶剂油墨的环保油墨,与高固化油墨或无水胶印油墨相比,其固化速度较慢。但从实用结果来看,油墨的转移性好,实地部分着墨性好,亮调部分网点墨色均匀。普通胶印油墨到达纸张后,因溶剂渗透快,在靠近纸面的部分墨膜会有断离现象,而大豆油墨则因渗透慢,油墨的断离面更接近橡皮布一侧,相当于将较厚的墨膜转印到纸面,因此油墨转移量提高。

(4) 改善油墨转移性。油墨特性与展色性之间存在一定的关系,即油墨黏性、黏度越高,展色性越低;流动性越小,展色性越低。为了获得较高的展色性,就要改善油墨的转移性,因而要求油墨必须具有低黏性、低黏度、高流动性。抗起脏性和油墨转移性二者很难兼顾,如何使其保持平衡是无水胶印油墨开发的重点。

四、无水胶印机

目前无水胶印主要有两种类型:一类是传统的模拟无水胶印方式,另一类是数字式的DI无水胶印方式。DI无水胶印设备将是今后发展的主流。Toray无水胶印系统包括:光敏性无水印版、专门为无水胶印设计的特种油墨以及专用的温控系统三个部分。美国Presstek系统主要包括印版和特制油墨两部分,其油墨与Toray公司印版所使用的油墨的特点相同,但温控装置可选择,这主要是因为PearlDry印版的最大印数是5000张,当低于10000张时,印刷的温度变化将不是特别重要的因素,它对PearlDry印版的影响也不突出。

无水印刷机最大的一个特点是可以由原来的传统湿胶印机改装而成,无须额外投资。因此有许多使用无水印刷方式的企业采用了这种改装的无水印刷机。

(1) 海德堡快霸DI46-4。印刷准备过程是完全自动化的,印刷500张耗时为15min,包括换版、清洗和颜色达到样张要求所需的时间。输墨装置有12处墨区,每个色版的成像装置都由12个激光二极管组成。应用Presstek公司的聚酯基热敏PearlDry数字无水印版，印版自动输入并卷放在印版滚筒的内部。

（2）Adast 705CD。4开印刷机，每色均由32束激光成像，分辨率为1016～2540dpi。有四色机和五色机，标准机型有双面印刷能力，有涂水性上光油的配件。一般使用的是铝基PearlDry数字无水印版。印刷准备时间，包括成像、装版、装纸、上墨、印版清洗、墨斗键按输墨曲线调整、套印对准和彩色平衡在内，不超过20min。

（3）74Karat。Karat数字印刷机公司（赛天使/高宝—普拉内塔）的74Karat数字式无水胶印机是一种4开机，其采用克里奥—赛天使公司的精密热敏式激光二极管在铝基PearlDry印版上成像。其Gravutlow输墨系统提供无墨斗键的、自动校验的输墨系统，从墨斗到印版滚筒只有2根辊子和1根带刮刀的陶瓷网纹辊，将油墨转移到靠版墨辊上，可在轴向方向上正面、反面连续地调整输墨量。印版滚筒是倍径的，同时印刷两色。油墨在每一转都被精确地在相同的位置转移到印版上。每种颜色分别进行温度控制。该系统包括2个成像头（选件），每个印版有1个成像头，每个成像头有40个发光二极管，支持从1524～3556dpi连续变化的分辨率。整个印刷准备在18min内即可完成，印刷速度可达10000r/h。

（4）PAX-DI。由Presstek、Adast与Xerox公司共同开发，Presstek提供PearDry Plus聚酯版材与激光直接成像系统，Adast负责印刷机械设计与加工，Xerox负责市场销售。在Drupa2000上展出的PAX-DI印刷机，是具有自动化的8开幅面的直接成像无水胶印印刷机，其速度据称可达12000印/h。分辨率为1270～2540dpi，有四色机型和五色机型，整个印刷准备时间一般少于10min。印刷机上采用的是Presstek公司新型的Profile™激光成像技术，是一种单独的模块化的热敏成像计算机直接制版、计算机直接打样或在印刷机系统上直接成像的设备。

（5）利优比3404DI。利优比3404DI是一台8开四色的完全自动化的印刷机，装有Profile直接成像系统。只使用2台直接成像装置在倍径的印版滚筒上成像。三倍径的公用压印滚筒在整个印刷过程中夹住纸张，滚筒上的纸张在滚筒转动两圈后才收到收纸装置上，压印速度为1.4万印/h。

（6）Codimag Viva 340。Codimag公司的Viva 340无水印刷标签印刷机，其温度控制系统适用于装有紫外线固化装置的印刷机进行复杂的温度控制。这个温度控制系统从卷筒材料展卷时就开始控制，从第一压印滚筒起，后续每个印刷机组都有温度控制系统。该系统在两个印刷机组之间传递承印材料时进行温度控制，在每个紫外线固化灯具后都有冷却装置，在每个印刷机组的串墨辊上也有冷却装置。该机最大印刷宽度为355mm，能够以1.25万印/h的速度印刷，可用于印刷饮料、食品药品和化妆品用的不干胶标签，其半轮转的设计使得不必更换滚筒即可印刷不同幅面的印品。其他功能还包括紫外线柔性版印刷机组、覆膜、轮转模切和烫印机组。

（7）高宝Genius52UV。针对8开小幅面市场，高宝推出了业内独一无二的紧凑型无水胶印机Genius52UV。整台机器为紧凑型设计，配置灵活，适合四色或五色的快速短版印刷，占地仅为 $12m^2$。它不仅可以印刷普通纸板，更适合于塑料膜片以及光栅片的印刷，对于那些寻求高质量个性印刷的企业来说，它是带来高附加值的有效工具。Genlus52UV 的特点：采用无墨键、无鬼影传墨单元；优异的印刷质量，最低的开机废品率；通过触摸式控制台实现简便的单人操作；使用中央压印滚筒，无套印误差；自动的定位，准确的上版；自动周向套准，用于不同的承印材料；支持 0.06mm 厚度的纸张到 0.8mm 厚的卡纸或塑料印刷；四色印刷、五色印刷或四色加水性上光装置；支持四色或五色印刷的紫外装置；传墨单元和印版滚筒的恒温装置支持无水胶印和相同的印刷条件；支持众多的数字或模拟印版；靠版辊和橡皮滚筒均使用橡皮布；传墨装置无须调整墨辊；光电模拟控制的印版打孔器保障与 CTP 印版一样的套准精度。

关于无水胶印机的温度控制系统基本上可以分为水冷和风冷两种形式。水冷系统是采用冷却水来降低串墨辊或橡胶辊的温度，将水通过冷却装置输入到串墨辊或橡胶辊的辊芯内将辊冷却，然后水再流回到冷却装置内，周而复始循环使用，从而保持所需要的油墨黏度和流变性。一般情况下，高速印刷机采用串墨辊冷却系统，如图 5-4 所示，而中速印刷机或由普通胶印机改造的无水胶印机，则采用橡胶辊冷却系统或风冷系统，如图 5-5 所示。风冷系统是采用风冷装置向版面滚筒吹送冷风，使版面冷却，从而控制油墨温度，如图 5-6 所示，此系统一般适合于中速印刷机。

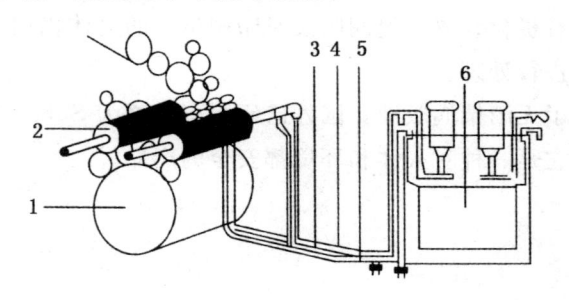

图 5-4 串墨辊冷却系统

1—印版滚筒 2—冷却串墨辊 3—流量调节
4—冷却进水管 5—冷却出水管 6—冷却装置

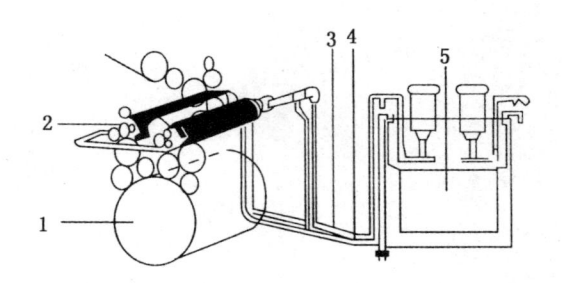

图 5-5 橡胶辊冷却系统

1—印版滚筒 2—冷却橡胶辊 3—冷却进水管
4—冷却出水管 5—冷却装置

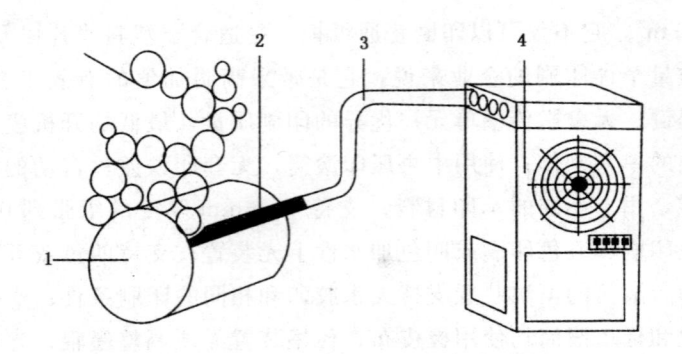

图 5-6　印版滚筒风冷系统
1—印版滚筒　2—喷嘴　3—风冷管　4—风冷装置

五、无醇印刷

无醇印刷是将酒精润版液中的异丙醇（IPA）用乙醚类、乙二醇及其他添加剂的混合物来代替，这种酒精替代品挥发性小、燃点高、无刺激性，是一种环保型的润版液，具有较好的环保性能。但目前使用代替品也会带来一些新的问题，如新的润版液挥发太慢，不利于机器降温，代替品没有酒精对润版系统的消毒效果好。同时，使用代替品虽然可以在一定程度上减少挥发性有机化合物，但润版液对印刷员工的身体仍然有危害，其废品仍是有害物质，需要对废液进行处理。

目前人们已开发出了无酒精润版液，国外已研制出称之为 Subs-tifix HD 的醇替代品，经过广泛的试验已证实它是一种对人体和环境都安全的产品。

参考文献

[1] 戴宏民.绿色包装[M].北京:化学工业出版社,2002:220-260.

[2] 王允祥,赵改名.浅论绿色包装材料[J].中国包装工业,2002(10):62-65.

[3] 李军,桑雪梅,王小凤.绿色包装材料的进展[J].重庆环境科学,2003(6):43-45.

[4] 武军,李和平.绿色包装材料的性质与分类[J].中国包装工业,2003(8):32-34.

[5] 刘国信.利用农副产品开发绿色包装材料前景好[J].中国环保农业,2004(3):32-34.

[6] 何京.绿色包装材料助剂的发展前景[J].包装工程,2003(1):25-28.

[7] 魏卞梅.中国包装印刷业现状及发展趋势[J].包装世界,2006(6):20-23.

[8] 谭俊峤.发展绿色印刷,建设和谐社会:柔性版印刷符合绿色印刷、绿色商品包装要求[J].中国包装工业,2007(4):57-60.

[9] 王莉,龚文才.包装印刷对环境的污染及治理措施[J].包装工程,2007(11):201-204.

[10] 何祖顺,胡维平,谭毅.浅议包装印刷的污染与环保对策[J].印刷世界,2006(4):23-24.

[11] 杨连荣.柔性版CTP的发展动态[J].今日印刷,2006(7):51-53.

[12] 陈希荣.标签印刷技术向多元数字化领域发展[J].中国包装,2008(2):65.

[13] 黄岩,刘霖.纸包装印刷数字化流程的关键技术[J].今日印刷,2008(2):45-47.

[14] 吕宇翔,尹旭光.数字化印刷流程核心技术的发展[J].今日印刷,2006(4):60-62.

[15] 谭伟平,肖生苓.木塑复合缓冲包装材料老化性能分析[J].森林工程,2012,28(6):96-98.

[16] 沙洲,朱晓冬.FRP材料增强木结构研究综述[J].森林工程,2012,28(3):57-61.

[17] 曾广胜,徐成,江太君.发泡木塑复合材料发泡及成型工艺研究[J].包装学报,2011,3(4):27-32.

[18] 张召召,张显权,吕海翔.玉米秸秆皮碎料/木材纤维复合板工艺研究[J].森林工程,2013,29(4):128-133.

[19] 佟达,宋魁彦,张燕.人工林胡桃楸木材纤维长度径向变异规律研究[J].森林工程,2012,28(4):5-8.

[20] 唐爱民,刘远,赵姗.纳米纤维素/阳离子聚合物复合三维组织工程支架的性能[J].材料研究学报,2015,1(29):1-9.

[21] 王丽艳,戚大伟.基于模糊聚类分析的木材缺陷CT图像分割[J].森林工程,2014,

29(3):59-62.

[22]谢永华.数字图像处理技术在木材表面缺陷检测中的应用研究[D].哈尔滨:东北林业大学,2013.

[23]李琛.木质剩余物纤维多孔型材料制备及缓冲特性研究[D].哈尔滨:东北林业大学,2013.

[24]李刚,李方义,管凯凯,等.生物质缓冲包装材料制备及性能试验研究[J].功能材料,2013,13:1969-1973.

[25]张瑞宇.现代物流中果蔬保鲜包装技术及其研究进展,包装工程,2003,24(1):71-76.

[26]姜家莉,孙利芹.大豆蛋白膜的制备及其研究[J].郑州工程学院学报,2003,24(4):67-73.

[27]何慧,王雪刚,孔林.玉米醇溶蛋白膜在腌肉制品及果蔬中的保鲜作用研究[J].食品科学,2004,25(3):184-187.

[28]姚伯龙,程云辉,宋洪昌.防雾/纳米抗菌功能塑料的制备[J].食品与机械,2003(6):40-41.

[29]许并社,等.纳米材料及其应用技术[M].北京:化学工业出版社,2004.

[30]柯贤文.功能性包装材料[M].北京:化学工业出版社,2004.

[31]胡爱武,傅志红.纳米技术及其在包装中的应用[J].包装工程,2003,24(6):31-34.

[32]刘兴芝,房大维,等.纳米材料及其应用[J].辽宁大学学报(自然科学版),2004(1):89-94.

[33]李凤生,等.纳米功能复合材料及应用[M].北京:国防工业出版社,2003.

[34]邱坚,李坚.纳米科技及其在木材科学中的应用前景(Ⅰ)[J].东北林业大学学报,2003,31(1):1-5.

[35]胡爱武,傅志红.纳米包装材料与纳米包装技术[J].包装世界,2004(6):52-55.

[36]陈希荣.新型包装材料中应用的纳米技术[J].包装工程,2003,24(6):4-8.

[37]刘维平,邱定蕃,卢惠民.纳米材料制备方法及应用领域[J].化工矿物与加工,2003(12):1-5.